탐정이 된 수학자들

탐정이 된 수학자들

장우석 지음

다른

차례

수학 탐정 수칙

1. 모든 사건을 논리적으로 다시 볼 것

2. 수학 지식을 활용해 문제를 해결할 것

3. 남을 돕는 일에 아낌없이 수학 실력을 발휘할 것

4. 그러나 수학이 삶의 전부가 아님을 잊지 말 것

마지막으로
절대 포기하지 말 것!

플라톤, 스승을 구하다

플라톤이 바닥을 발로 툭툭 차며 말했다.

"이 아래쪽 어딘가에 스승님이 계셔."

흙먼지가 살짝 일었다.

"문제는 정확한 지점을 알 수가 없다는 거야."

친구가 말을 받았다.

"스승님의 부인 크산티페 여사에 따르면 감방은 동굴 입구에서 정확히 100걸음 안쪽에 있어. 부인의 보폭이 1피트(약 30cm)니까… 100피트가 나오는군."

플라톤은 발아래 흙바닥에서 눈을 떼지 않은 채 말했다.

"중요한 건 각도야."

"중요한 건 각도지."

친구가 플라톤의 말을 반복했다.

"정확한 각도를 알아야 스승님을 구할 수 있어. 엉뚱한 곳을
파면 안 돼."

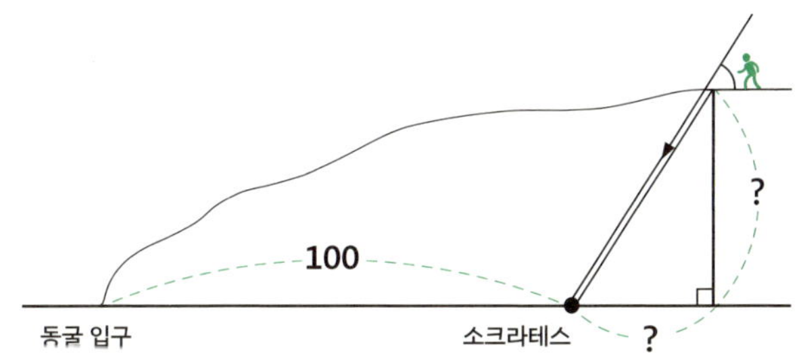

"각도를 알아내려면… 이 아래쪽에 서 있는 직각삼각형의 높
이와 밑변을 알아내야 돼."

두 사람은 눈금 없는 자 여러 개를 끈으로 이어 붙이기 시작
했다. 얼마 지나지 않아 두 사람의 키를 훨씬 넘는 긴 직선 자
2개가 만들어졌다.

"시간이 없어."

플라톤이 먼저 울퉁불퉁한 동굴 외벽을 적당한 거리만큼 내
려가서 자를 수직으로 올리면 친구가 수평 거리를 만들어 재는

방식을 사용하기로 했다. 그 어떤 각도라도 수평과 수직으로 만들어 낼 수 있기 때문이다.

한 번이라도 미끄러지면 처음부터 다시 해야 해서 두 사람은 작업을 진행하는 동안 한마디도 나누지 않고 집중했다. 중간에 플라톤이 한 번 미끄러질 뻔했으나 레슬링을 했던 운동신경으로 중심을 잡았다.

인내의 시간은 플라톤에 이어 친구가 동굴 입구 근처에 사뿐히 내려앉으며 끝났다. 플라톤이 숨을 몰아쉬며 말했다.

"이제 더하기만 하면 돼."

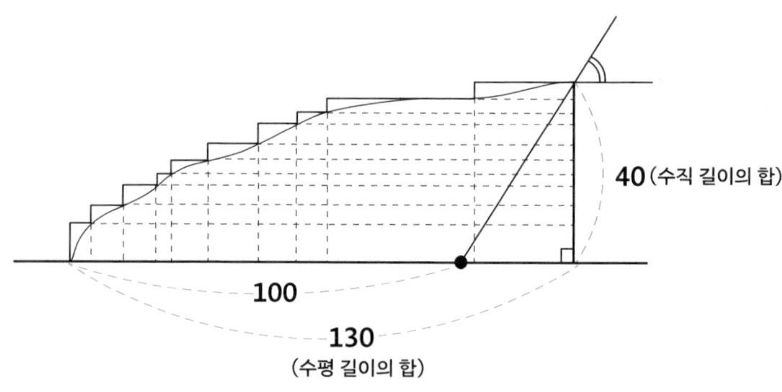

두 사람이 잰 수평 길이의 합과 수직 길이의 합은 각각 130피트와 40피트였다. 동굴 속에 서 있는 거대한 직각삼각형의 밑변

（ =30）과 높이（ =40）가 나온 것이다.

두 사람은 가로 길이와 세로 길이의 비가 4대 3이 되게끔 나무 자를 잘랐다. 한참을 다듬은 끝에 거대한 직각삼각형과 그와 닮은꼴인 작은 직각삼각형이 만들어졌다.

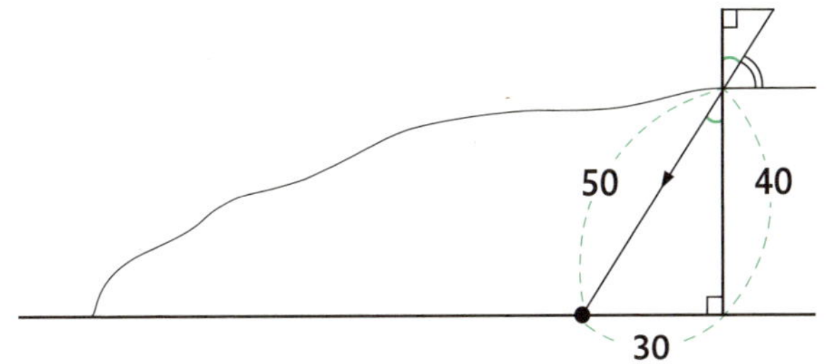

이 직각삼각형들은 위기에 처한 스승 소크라테스에게 도달할 수 있는 방향, 즉 각도를 품고 있었다. 땅을 평평하게 다진 플라톤은 작은 직각삼각형을 측정이 시작된 지점에 수직으로 꽂았다. 위대한 선배 피타고라스의 정리●에 따르면 스승님이 계신 곳까지는 50피트, 고작 50걸음이다（$30^2+40^2=50^2$）.

소크라테스가 감옥에 갇히고 사형을 선고받은 까닭은 '신을

● **피타고라스의 정리** 직각삼각형에서 빗변 길이의 제곱은 다른 두 변 길이의 제곱을 합한 값과 같다.

모독한 죄', '젊은 세대를 타락시킨 죄'라고 했다. 그가 아테네의 광장과 시장을 돌아다니며 사람들에게 질문을 던지고 대화를 이어 갔기 때문이다. 플라톤은 이 무지한 판결을 절대로 받아들일 수 없었다.

행정 당국은 소크라테스의 가족 말고는 누구의 면회도 허용하지 않았다. 플라톤은 친구와 함께 곧바로 소크라테스 구출을 준비하기 시작했다. 소문에 따르면 사형이 확정된 죄수는 몇 개월 내에 집행이 이루어지기 때문에 시간을 끌 수 없었다.

플라톤은 고개를 들어 하늘을 쳐다보았다. 검은 하늘 한가운데 떠 있는 한 조각의 달. 저 반달이 곧 초승달이 되고 다시 온달이 된다. 그리고 다시 반달이 된다. 인간 세상의 소음과 죄악이 멈추지 않고 순환하듯이. 달을 쳐다보는 플라톤의 눈에 힘이 들어갔다.

완전하다면 변할 이유가 없으며 변하지 않아야 한다. 영원한 것은 시간과 공간의 지배를 받지 않는다. 시시각각 모습이 변하는 저 달의 모습은 거짓이다.

플라톤이 생각하기에 영원한 진리는 수와 도형뿐이었다. 인간은 수학을 할 수 있는 유일한 존재지만 물질에 대한 하찮은

욕망 때문에, 그리고 자신보다 뛰어난 존재에 대한 질투 때문에 그 고귀한 능력을 버렸다. 소크라테스의 지혜를 질투해 그를 감옥에 가두었듯이 말이다. 그런 인간들을 존중할 필요가 있을까. 불완전한 존재들이 만들어 놓은 위선투성이 제도를 따라야 할 필요가 있을까.

플라톤은 얼마 전에 있었던 스승과의 대화를 떠올렸다. 소크라테스와 문답을 주고받으며 플라톤은 이 세계를 구성하는 요소는 바로 정다각형만으로 이루어진 입체, 즉 정다면체라는 사실을 깨달았다. 정다면체는 중심점을 기준으로 돌리고 뒤집어도 그 형상이 변하지 않는다.

"그래. 자네 말이 맞네. 하지만 우리는 아직 정다면체의 본질에 도달하지 못했다네. 어떤 입체가 정다각형만으로 구성되기 위해서는 어떤 제약 조건이 필요할까?"

스승의 질문에 플라톤은 잠시 생각한 후에 다음과 같은 답을 했다.

1. 정다면체를 구성하는 정다각형은 모두 합동이다. 그러므로 각 꼭지각의 크기가 모두 같다.

플라톤은 이러한 조건에 맞는 정다면체는 세상에 단 5개뿐이라는 사실을 증명해 냈다. 바로 정사면체, 정육면체, 정팔면체, 정십이면체, 정이십면체였다.

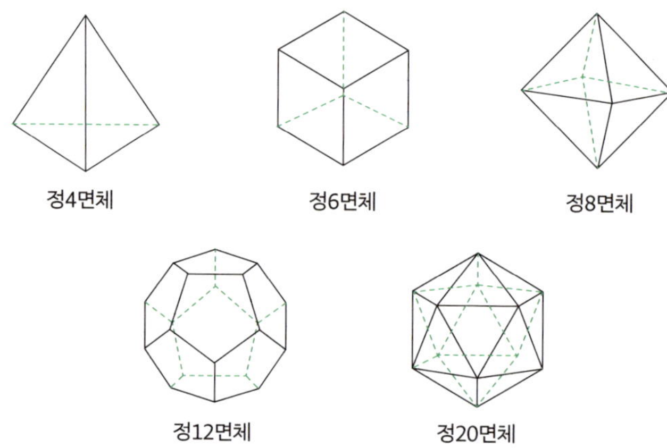

소크라테스는 제자의 발견에 박수를 치며 말했다.

"훌륭해. 인간의 불완전한 감각이 아닌 논리와 이성에 의존해서 도달한 결론일세. 시공간을 뛰어넘어 성립하는 진리지. 자네가 해냈듯 우리 모두에게는 논리와 이성이라는 힘이 있다네. 진리는 새로운 걸 만들어 내는 게 아니야. 존재하고 있지만 보지 못했던 그 무엇을 바로 보는 일이라네.”

소크라테스는 좀 더 목소리를 낮추어 천천히 말을 이었다.

“하지만 더욱 중요한 건 이거야. 우리는 결코 수학에 머물러 서는 안 되네.”

“그 말씀은….”

“인간의 의견(opinion)은 이기적 욕망 앞에 흔들린다네. 수학은 의견이라는 변덕을 물리치고 지식(knowledge)이라는 고귀함을 추구한다는 면에서 진리의 훌륭한 표본이지. 하지만 진리의 궁극은 선일세. 사회적 올바름. 그것이야말로 수학적 사유의 마지막 모습이어야 한다네.”

“스승님이 광장에서 사람들을 만나고 그들의 무지를 깨우쳐 주신 이유가 그것이었군요.”

플라톤은 한쪽 다리에 끈을 묶었다. 땅은 공기처럼 가볍게 부서지며 플라톤을 깊은 곳으로 이끌었다. 한번 시작하면 결코 도중에 멈출 수 없는 여정. 플라톤은 깊은 잠에서 막 깨어난 두더

지처럼 스승을 향해 돌진해 갔다.

마지막 흙덩이가 후두둑 떨어졌다. 플라톤은 고개를 내밀어 조심스럽게 아래쪽을 살폈다. 구멍으로 찬바람이 올라왔다. 감옥은 어둠 속에 잠겨 있었다. 다리를 움직여 끈을 당기자 위쪽에 있는 친구로부터 신호가 왔다. 계획에는 이상이 없었다.

플라톤의 발이 감옥 바닥에 닿는 순간 실내가 환해졌다. 소크라테스가 촛대를 들고 앉은 채, 플라톤을 바라보고 있었다.

"절 기다리고 계셨습니까?"

소크라테스는 웃으며 고개를 끄덕였다.

"아까 아내가 다녀갔다네. 재미있는 말을 해 주더군. 지난번에 왔다 갔을 때, 누가 입구에서 여기까지 몇 걸음인지 물었다는 거야."

플라톤이 자신의 어깨를 한 손으로 툭툭 치자 흙이 우수수 떨어졌다.

"재판이 있던 날 판을 다 엎으려고 했던 자네라면 능히 그럴 것 같았네."

플라톤이 다리의 끈을 풀면서 말했다.

"선생님. 이걸 다리에 묶으세요. 저 위에서 줄을 당길 거예요.”

소크라테스는 고개를 저었다.

“난 여기 있을 걸세.”

플라톤의 눈이 커졌다.

“여기 계시면 죽는 거 아시잖아요.”

“뭐 그렇게 되겠지.”

“명백히 잘못된 판결입니다. 존중할 가치가 없다고요.”

“잘못된 판결이라는 말에 동의하네.”

“그런데 왜…”

“탈옥은 좋은 방법이 아니야. 그건 거꾸로 저들의 판결을 정당화하는 것이 될 수 있네. 내가 탈옥한다면 아마도 저들은 나를 수단과 방법을 가리지 않고 삶에 집착하는, 모순되고 비열한 사형수로 규정할 걸세.”

“…”

“언젠가는 진실이 밝혀질 것이네. 인간에게는 이성이 있으니 말일세. 자네도 이해하다시피 우리가 추구해야 할 것은 육신에 갇힌 현세의 삶이 아니라 영원의 삶이라네. 난 죽어도 죽는 게 아니야. 그러니 날 걱정하지 말고 돌아가서 하던 일을 계속하게.”

플라톤은 스승의 고집을 꺾을 수 없었다. 아니, 스승의 논리에 설득되어 가는 자신을 발견했다. 논리와 이성은 지금의 유리함과 불리함에 오염되어서는 안 되고, 오염될 수도 없는 것이다. 그래. 마땅히.

플라톤은 멍한 얼굴로 하늘을 올려다보았다.

스승의 목소리는 아직도 플라톤의 귀에 또렷하게 맴돌고 있었다. 스승은 자신을 구하려고 수학을 사용한 제자에게 이성은 결코 수단이 되어서는 안 된다고 말했다. 이성은 삶과 죽음을 넘어서 있다. 스승 소크라테스는 자기 육신의 죽음을 통해 우리 모두에게 이성의 존엄성을 알려 주려고 한 것이다.

이제 이성의 시간이다. 플라톤은 흙을 마저 털어내고 집으로 향했다. 그는 자신이 해야 할 일을 잘 알고 있었다. 스승의 뒤를 이어서 수학을 전파하는 것. 스승은 광장에서 사람들에게 깨우침을 주었지만 플라톤은 학교를 세우기로 했다. 긴 시간이 걸릴 테니 대를 이어 갈 수 있는 세력을 만들어야 했기 때문이다. 플라톤은 스승의 죽음을 통해 사회를 바꾸기 위해서는 개인을 넘어 조직화된 사회적 힘이 필요하다는 걸 깨달았다.

학교는 성스러운 아카데메이아[●] 숲에 터를 잡을 것이다. 학교 현판에 쓸 문구가 떠올랐다.

기하학을 배우기 싫은 자, 이 문을 들어오지 말지어다.

● **아카데메이아** 기원전 387년경에 플라톤이 아테네 교외에 세운 학교. 철학을 중심으로 수학·음악·천문학 등을 중요하게 가르쳤고, 아리스토텔레스 등 인재를 키워 냈다.

수학 탐정을 소개합니다

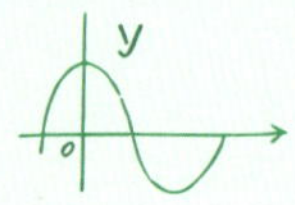

유클리드 (B.C.300~?)

소속: 알렉산드리아 무세이온 대도서관

업적: 2,000년간 베스트셀러
《기하학 원론》의 저자

명대사: 기하학에는 왕도가 없다

아르키메데스 (B.C.287~B.C.212)

소속: 위기의 시라쿠사 왕국

업적: 전쟁까지 들었다 놨다 한 만능 엔지니어
발명가

명대사: 지렛대와 받침대만 준다면 지구도 들겠다

갈릴레이 (1564~1642)

소속: 이탈리아 피사 대학

업적: 지구가 돈다고 말해 지구인을 돌게 한 혁명가

명대사: 수학은 신이 우주를 기록한 언어다

데카르트 (1596~1650)

소속: 네덜란드 구석구석 아지트

업적: 기하를 방정식으로 번역한 수학 마술사

명대사: 나는 생각한다, 고로 존재한다

페르마 (1601~1665)

소속: 프랑스 툴루즈 고등법원

업적: 도박판에서 확률을 발견한 첫 세대 수학자

명대사: 놀라운 증명을 발견했는데 여백이 좁아
　　　　적을 수 없다

가우스 (1777~1855)

소속: 독일 괴팅겐 대학

업적: 정수론, 해석학, 통계학, 천문학을 넘나든
　　　수학 마스터

명대사: 수학은 과학의 여왕이다

칸토어 (1845~1918)

소속: 독일 할레 대학, 가끔 정신병원

업적: 수학계의 고정관념을 뒤엎은 '무한' 도전의
　　　선구자

명대사: 무한은 그 자체로 완전하다

탐정 유클리드

도서관 도둑을 잡아라

대도서관에
숨어든 도둑,
유클리드의
강의실에
나타나다!

#정의와_공리
#도형의_작도

교탁에 기대어 앞을 바라보는 유클리드 교수의 입에 미소가 걸렸다. 오늘처럼 그의 수학 강좌가 빈자리 없이 가득 메워진 경우는 드물기 때문이다. 플라톤 선생이 살아 있다면 무척이나 기뻐할 일이다. 맑고 초롱초롱한 눈, 졸린 듯 반쯤 감긴 눈, 분노에 가까운 호기심이 느껴지는 부리부리한 눈이 강의실 구석구석에서 유클리드를 쳐다보고 있었다.

유클리드 교수는 석판에 등식 하나를 썼다.

$$\frac{1}{2} + \frac{1}{3} = ?$$

"이 문제를 풀어 볼 사람 있나요?"

강의실 여기저기서 실망 섞인 탄식이 흘러나왔으나 유클리드는 꿈쩍하지 않았다.

한참 후 머리에 하얀 터번을 칭칭 두른 수강자가 손을 들었다.

"분수 계산은 초급 내용으로 알고 있습니다만….."

유클리드는 고개를 저었다.

"저는 답을 묻는 게 아닙니다. 무세이온 강좌를 수강할 정도면 이 문제의 계산 방법과 답 정도는 알고 있을 테니까요. 제 질문은 이 문제의 답을 구해 내는 과정을 정당화할 수 있겠냐는 겁니다."

"비유나 도구를 사용하지 않고 엄격한 논리적 절차만으로 증명하자는 거군요."

아테네풍의 토가(긴 겉옷)를 걸치고 입구 쪽에 앉아 있던 수강자가 말했다. 강의실에 맨 마지막으로 들어온 수강자였다.

"맞아요. 제가 요구하는 게 바로 그겁니다."

어딘가에서 코를 푸는 소리가 들렸다.

모든 지식이 모이는 곳,
무세이온 대도서관

사람들이 끊임없이 해안으로 밀려들고 있었다. 대도시 알렉산드리아의 수호신인 파로스 등대와 무세이온 학당을 보기 위해서였다.

그중에서도 모든 지식의 종착역이라고 불리는 무세이온 대도서관이 특히 북적북적했다. 이곳에서는 자체적으로 수집한 도서 외에, 도시를 방문하는 여행객들에게서도 자료를 수집한다. 사실상 수집이라기보다 압수에 가깝긴 했다. 파로스 등대를 따라 안전하게 도시에 들어온 모든 방문객은 배에서 내리기 전에 짐 수색을 받는다. 그 과정에서 파피루스로 만든 두루마리 책은 발견되는 즉시 무세이온에 제출해야 한다. 무세이온은 제출된 책을 손으로 베껴 써서 사본을 만든 후에, 원본을 보관하고 사본을 돌려준다.

말하자면 방문객은 자신이 가져온 책을 도시에 강제로 기부하게 되는 것이다. 대신에 방문객은 필사가 이루어지는 동안 도서관에서 진행하는 강의를 무료로 들을 수 있다. 강의를 듣는 것은 물론 강제가 아니지만, 오히려 강의를 들으려고 엉터리 책을 만들어서 입국하는 사람이 있을 만큼 무세이온 강좌의 인기와 명성은 하루가 다르게 높아지고 있다. 바다 건너 아테네 숲에 있는 아카데메이아가 경쟁심을 느낄 정도로 말이다.

무세이온 강좌 중에서도 유클리드 교수의 강의는 매월 첫째 날 오후에 이루어진다. 강의실은 골동품 보관을 주로 하는 건물 1층의 작은 공간으로 평소에는 그의 연구실이기도 하다.

정의와 공리

유클리드는 헛기침을 한 번 한 후 근엄한 표정으로 말을 이어 갔다.

"논리적 절차를 시작하려면 시작점이 필요하지요. 그것을 정의(definition)라고 부르도록 합시다. 이 문제의 경우 정의는 2분의 1이 과연 무엇인가가 되겠지요."

"그거야…"

누군가가 큰 소리로 대답했다.

“1을 2로 나눈 값이죠.”

유클리드는 고개를 저었다.

“그건 그저 같은 말을 반복하는 셈입니다.”

수강자들의 얼굴에 당혹감이 번져 갔다. 교탁 앞에 앉아 있던 수강자가 손을 들고 말했다.

“그럼 교수님은 동어반복 없이 2분의 1을 정의할 수 있으신가요?”

“물론입니다.”

유클리드는 등식 하나를 석판에 천천히 썼다.

$$2x = 1$$

모두가 웅성거리는 가운데 교탁 앞 수강자의 눈빛이 반짝거렸다. 그가 기쁨에 찬 얼굴로 말했다.

“$2x = 1$을 만족하는 x[•]를 2분의 1로 ‘정의’하면 되겠군요. 곱

● **X(엑스)** 유클리드 시대에 수를 X와 같은 문자로 대신하는 대수 개념은 존재하지 않았다. 정의를 통해 결론을 연역해 내는 유클리드의 철학을 효율적으로 설명하기 위한 소설적 설정이다.

하기로 나누기를 정의하는 거니까 동어반복을 피할 수 있어요."

몇 명이 고개를 끄덕였으나 일부는 여전히 '그래서 뭐?'라는 표정으로 석판과 유클리드를 번갈아 바라보고 있었다. 유클리드는 기존의 등식 아래에 하나의 등식을 추가했다.

$$2x = 1$$

$$3y = 1$$

"우리의 과제는 2분의 1 더하기 3분의 1, 즉 $x+y$를 구하는 것입니다."

강의실에 조용한 긴장감이 흘렀다.

"우리는 나누기라는 개념을 전혀 쓰지 않고 곱하기와 더하기만으로 분수를 정의하고 그들의 합을 계산하고 있습니다. 이미 확립된 개념으로 새로운 개념을 만들어 내는 것이니 그 진리성이 이어지죠. 자, 이제부터가 중요합니다."

유클리드는 석판에 문장을 썼다.

"이 문장들처럼 더 이상의 설명이 필요 없을 만큼 자명한 진리를 공리(axiom)로 부르기로 합시다. 공리는 공기처럼 명백하므로 어떤 문제에도 적용될 수 있습니다."

하얀 터번을 쓴 수강자가 말없이 앞으로 걸어 나왔다. 그는 유클리드가 쓴 내용 옆에 다른 수식과 문장을 추가했다.

$2x=1$이므로 $3\times2x=3\times1$ (①에 의해서)

$3y=1$이므로 $2\times3y=2\times1$ (①에 의해서)

$6x=3$이고 $6y=2$이므로 $6(x+y)=5$ (②에 의해서)

따라서 $x+y=\dfrac{5}{6}$ (분수의 정의에 의해서)

결론: $\dfrac{1}{2}+\dfrac{1}{3}=\dfrac{5}{6}$

수강자들의 얼굴이 깨달음의 기쁨으로 가득 찼다. 자리로 돌아가는 하얀 터번 수강자에게 환한 웃음을 보낸 유클리드는 모두를 향해 힘주어 말했다.

"문제를 해결하기 위해서는 우선 개념을 명확히 정의해야 합니다. 그리고 이미 확립된 자명한 사실(공리)을 정의에 잘 연결해야 하죠. 수강자 한 분이 조금 전에 여러분을 대표해 멋지게 해낸 것처럼 말입니다. 정의와 공리의 적절한 조합은 문제를 해결하고 진리를 찾아내는 보편적 원리이자 유일한 방법입니다."

머리로 생각할 수 있지만 실제로는 없는 것

커다란 눈을 가진 구릿빛 얼굴의 남자가 천천히 손을 들었다. 그리스어가 어색한 듯 말을 조금 더듬었으나 메시지는 분명했다.

"정의로부터 논리가 시작되는 건 알겠는데… 그 정의는 어떻게 정당화되는 건가요? 예를 들어 어떤 수나 도형을 그냥 그럴

듯하게 정의하고 시작해도 되는 건지… 궁금합니다.”

유클리드의 입꼬리가 올라갔다. 기분이 좋을 때 곧잘 나타나는 미소였다. 유클리드는 남자에게 말했다.

“정육각형을 정의해 보시겠습니까?”

남자는 곧바로 말했다.

“6개의 변의 길이가 모두 같은 다각형입니다.”

남자가 대답을 마치자 유클리드는 교탁 아래에서 눈금 없는 자와 컴퍼스를 꺼냈다. 커다란 새 석판에 6개의 원과 6개의 선분을 차례대로 그렸다.

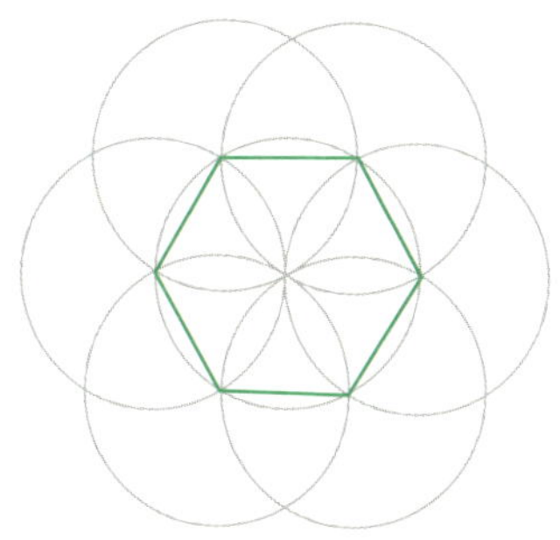

“반지름의 길이가 일정하다는 원의 정의에 기초해 우리는 6개의 변의 길이가 모두 같은 다각형을 구성해 낼 수 있습니다. 이 그림이 정육각형을 정의할 수 있는 논리적 근거입니다.”

누군가가 말했다.

"그렇다면 언어로는 정의할 수 있지만 실제로는 만들어 낼 수 없는 것도 있나요?"

유클리드는 정육각형 옆에 조그마한 도형을 하나 그린 다음, 그 아래에 엑스 자를 그었다.

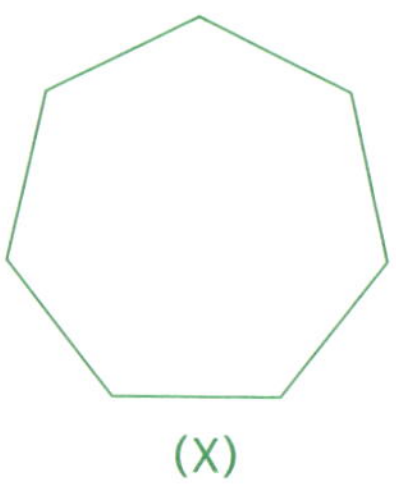

"7개의 변의 길이가 모두 같은 다각형을 머리로는 생각할 수 있을지 모르지만 실제로는 그릴 수 없습니다. 작도 불가능성을 논리적으로 증명할 수 있다는 뜻입니다. 다리가 7개 달린 상상 속의 고양이 같은 거죠. 새로운 정의는 기존의 지식을 이용해서 유한한 절차를 거쳐 모순 없이 구성할 수 있을 때 비로소 그 존재성을 인정받을 수 있습니다. 마치 기존의 벽돌 위에 쌓은 새로운 벽돌처럼 말이죠. 그렇기 때문에 정의를 할 수 있으려면 체계적인 지식과 창의적인 사고력 모두가 필요합니다."

“제 고향의 위대한 학자이신 공자께서 이런 말을 남기셨습니다. 배우기만 하고 생각하지 않으면 미련하고, 생각만 하고 배우지 않으면 위험하다. 수학 학습에도 꼭 필요한 말 같습니다. 먼 곳까지 배우러 온 보람이 있군요.”

말을 마친 구릿빛 얼굴의 남자는 유클리드에게 경의의 표시로 고개를 숙였다.

수학을 배워서 어디다 씁니까

“교수님 말씀은 잘 알겠습니다.”

토가를 입은 남자가 불쑥 말했다.

“하지만 정의와 공리가 일상적 삶에 그다지 도움이 안 된다는 사실은 어떻게 생각하시나요?”

모두가 그에게로 고개를 돌렸다.

“실수로 돌부리에 발이 채여서 눈물이 날 정도로 고통스러웠던 적이 있었는데 수학은 아무런 도움이 되지 않더군요. 영원을 추구하는 수학의 노력이 현실의 삶에서 어떤 의미가 있는지 잘 모르겠습니다. 소크라테스 선생도 누명을 써서 결국은 비참하게 죽지 않았습니까. 논리와 이성이 늘 작동하진 않더라는 겁니다. 아니, 작동하는 경우가 오히려 드물다고 할까요?”

토가를 입은 남자는 계속 말했다.

“그렇다면 삶에 유용해 보이지 않는 수학을 힘들게 공부해야 하는 이유가 뭘까요? 단지 고귀한 지식을 위해서일까요? 그렇다면 차라리 값비싼 골동품을 수집하는 게 낫지 않을까요? 고귀하면서도 실제적 가치까지 가지고 있으니까요.”

유클리드는 토가를 입은 남자를 친근하게 바라보며 말했다.

“아테네를 여행했을 때, 아카데메이아에 잠시 몸담았던 적이 있습니다. 그 특이한 토가를 입었었지요.”

남자가 놀란 표정을 지었다.

“제가 아카데메이아 출신이라는 것을 알고 계셨군요.”

“고민에 대한 해답을 찾기 위해서 여행을 하시는 중인가요?”

“뭐 그럴지도요. 선생께서 프톨레마이오스 왕에게 ‘아무리 왕이라 해도 수학을 배우는 데에는 특별한 길이 없다’고 조언했다는 소문은 저도 전해 들었습니다.”

남자는 어깨를 으쓱하고는 말을 이었다.

"제 고민에도 답을 주시면 감사하겠습니다."

"당신의 질문은 정당하며 또 고귀합니다. 저 또한 평생 고민해 오고 있는 주제이기도 하고요."

유클리드는 잠시 뜸을 들인 후에 천천히 입을 열었다.

"저는 오늘 오전에 분수 계산에 관한 자료를 확인하느라 옆 건물에 있는 28 자료실에 다녀왔습니다. 들어가는 길에 자료실에서 나오는 누군가를 보았습니다. 그는 급하게 회랑 쪽으로 걸어가더군요."

"…."

"자료실 안에는 아무도 없었습니다. 저는 찾던 파피루스 두루마리를 꺼냈습니다. 오래전에 이집트 여행자에게서 얻은 귀한 자료였지요. 그런데 그 자료는 정교하게 만들어진 가짜였습니다. 그림으로 표현된 분수 계산에서 숫자 하나가 잘못되어 있더군요."

"저런. 원본에 오류가 있었던 건가요?"

유클리드는 고개를 저었다.

"그 자료를 제가 오늘 처음 봤다면 그렇게 생각했을 겁니다. 하지만 이전에도 참고한 적이 있던 자료입니다. 누군가가 가짜를 놔두고 진짜를 가져간 거죠. 파피루스를 골동품이라고 생각했을 수도 있는 누군가가 말이죠."

유클리드는 토가 속에 파묻히듯 앉아 있는 남자를 바라보며 말했다.

"제가 복도에서 만난 사람은 당신이었습니다."

진리는 누구에게나 공평하다

남자는 큰 소리로 웃었다.

"하하. 이것 참. 제 복장 때문에 착각하신 것 아닌가요? 아니면 이런 옷을 입은 사람이 이 넓은 무세이온에 저 하나만 있다는 증거라도 있으신 건가요? 안타깝게도 저는 그 자료실에 들어간 적이 없습니다."

유클리드는 미소를 지으며 말했다.

"전 28 자료실 관리자에게 바닥, 특히 바꿔치기 된 파피루스 근처 바닥에 있는 발자국을 보존해 달라고 부탁했습니다."

말을 마친 유클리드는 석판에 문장 하나를 기록했다.

같은 것과 같은 것은 항상 같다.

$(a=b$이고 $b=c$이면 $a=c)$

"범인의 발자국이 현장에 있는 발자국이므로 현장 발자국 문양이 당신이 신고 있는 샌들 바닥 문양과 같다면 당신이 범인이 되는 겁니다. 공리에 의해서 말이오."

"뭐… 생각해 보니까 제가 그 방에 잠깐 들어간 기억이 나는 군요. 하지만 자료만 둘러보고 바로 나왔습니다. 아, 참. 그 자료실로 들어오는 문이 왼쪽에 하나 더 있던데 범인이 그 문으로 들어왔을 가능성도 고려하는 게 논리에 맞지 않을까요?"

유클리드는 고개를 저었다.

"그 문은 직원용 문입니다. 당신에게는 안타깝게도 직원용 문은 바닥 부분 팽창이 일어나서 열리지 않은 채 오랫동안 방치되어 있습니다. 그 문으로는 아무도 드나들 수 없어요. 자, 이제 증명의 마지막 단계입니다. 당신의 발자국을 확인…"

토가를 입은 남자가 스프링처럼 문 쪽으로 튀어 나갔다. 하지만 문은 잠겨 있었다. 당황한 남자가 문을 잡고 흔드는 동안 다른 사람들이 그를 덮쳤다. 남자는 포기한 듯 바닥에 주저앉았다. 하얀 터번을 쓴 남자가 그의 커다란 토가 아래쪽에서 파피루스 두루마리와 비단 여러 장을 꺼냈다.

"나는 범인이 무세이온을 이미 탈출했다 생각하고 당신의 인상착의를 당국에 알렸어요. 그런데 몇 시간 후 내 강의에 당신이 들어오는 걸 보고 깜짝 놀랐습니다. 아마 강의가 끝나면 점찍어둔 그림이나 도자기 그릇을 훔치려고 했겠지. 하지만 당신을 알아본 나는 강의 시작 전에 경비에게 문을 잠그라는 요청을 해 두었소. 제 발로 와 준 당신이 어찌나 고맙던지."

주저앉은 남자는 허탈한 표정으로 말했다.

"그럼 처음부터 말하지 뭐하러…"

"아니, 그건 아니오."

유클리드는 정색했다.

"진리는 대상을 차별하지 않아요. 도둑이라 할지라도 말이오. 비록 도둑질하러 들어왔지만 당신도 여기서 많은 것을 배우지 않았소? 냉소 섞인 질문까지 하면서 말이오."

"그건…"

"수학을 배워서 어디다 쓰냐고 물었지요? 질문을 한 당신이 그 대답이오.”

남자가 어리둥절한 표정을 지었다.

“수학은 도둑을 잡는 데 쓸 수 있을 정도로 삶에 유용한 진리랍니다.”

말을 마친 유클리드는 교탁 아래쪽 서랍을 열었다.

“수업을 도와준 보답으로 당국에 넘기진 않겠소.”

남자는 찢어진 토가 차림으로 동전 몇 닢을 손에 쥔 채 도망치듯 무세이온을 빠져나갔다.

오직 논리로 증명하라, 유클리드

유클리드는 누구?

유클리드는 기원전 4세기 중반부터 기원전 3세기 중반까지 북아프리카 알렉산드리아의 도서관이자 연구 기관이었던 무세이온에서 활약했습니다.

그는 고대 그리스 문화의 황금기에 수많은 자료를 이용할 수 있는 환경에서 열심히 연구 활동을 한 결과,《원론》이라는 인류의 고전을 남겼습니다. 앞서 이야기에도 언급된 "기하학(수학)에는 왕도가 없다"라는 그의 말은 학문의 어려움과 보편성을 동시에 상징하는 격언으로 유명합니다.

계산하지 말고 헤아릴 것

《원론》은 기하학과 대수학을 바탕으로 당시까지 사용되던 수학의 내용을 총정리한 책입니다. 이 책은 이미 확립된 명제(진리)로부터 새로운 명제(진리)를 끌어내는 '증명'이라는 사고를 확립했습니다. 그로 인해 이후의 수학, 과학, 철학 등 거의 모든 영역에 영향을 주었으며 중세를 거쳐 근대까지 서양에서 가장 중요한 수학 교과서로 사용되었습니다.

앞서 이야기에 나오는 분수 합의 계산 과정은 직관이나 도구의 도움 없이 오직 논리만으로 결과를 증명해 내는 《원론》적 사고의 특징을 잘 보여 주고 있습니다. 같은 방식으로 분수의 곱셈과 나눗셈도 계산할 수 있습니다.

여러분은 논리만으로 명제를 증명하는 사유의 재미를 느껴 본 적이 있나요? 그렇다면 《원론》을 읽지 않았더라도, 수학 시험 점수가 몇 점이라도, 수학적 사유 능력을 갖추고 있다고 말할 수 있습니다. 수학은 계산하는(calculating) 학문이 아니라 헤아리는(thingking) 학문이니까요.

	학년	학기	단원명
	중1	2학기	평면도형의 성질
교과 연계	중2	1학기	도형의 닮음
	중2	1학기	피타고라스의 정리

2장

탐정 아르키메데스

전쟁 스파이를 찾아라

전투 직전,
아르키메데스가
발명한 무기를
망가뜨린
스파이가 있다!

#무게중심
#포물선

끝없이 펼쳐진 하얀 모래사장이 무척이나 아름다웠다. 전쟁 중이라는 끔찍한 현실을 잊을 정도로 말이다. 아르키메데스는 뒷짐을 진 채, 천천히 모래사장을 걸었다. 모래에 생긴 발자국을 파도가 다가와 곧바로 씻어내 버렸다. 생기자마자 사라지는 발자국은, 태어나서 잠깐 존재하다가 사라지는 인간의 운명을 떠올리게 했다.

아르키메데스는 멈춰 서서 바다 건너편을 바라보았다. 지금 그의 조국 시라쿠사*는 지중해의 강자 로마를 상대로 전쟁 중이었다. 조국이 승리할 수 있을지 그는 확신이 서지 않았다.

● **시라쿠사** 고대 그리스가 세운 도시국가로, 현재는 이탈리아의 도시이다.

해가 지고 있었다. 아르키메데스는 다시 걷기 시작했다.

이 전쟁도 언젠가는 끝날 것이다. 많은 사람이 죽고 다치겠지만 투명한 바다와 하얀 모래사장은 그 모습을 유지할 것이다. 후손들의 삶은 새롭게 진행될 것이다. 사라졌다가 다시 시작되는 발자국처럼 말이다. 지구 역사상 존재했던 인간의 수를 모두 합해도 이 바닷가에 있는 모래알 수만큼 많지는 않을 것이다.

드넓은 모래사장을 바라보는 아르키메데스에게 어떤 질문이 떠올랐다. 눈에 보이는 모래 알갱이의 개수를 알 수 있을까? 감당할 수조차 없는 큰 수를 세는 방법을 찾아낸다면 이 허무한 마음이 달래질까?

아르키메데스는 들고 있던 나뭇가지로 바닥에 뭔가를 끄적이기 시작했다.

수학의 선한 영향력

잘 지냈나, 친구. 오랜만에 자네에게 편지를 쓴다네. 난 해가 지고 또 해가 뜨는 것조차 고마운 하루하루를 보내고 있어. 언제 다시 편지를 쓸 수 있을지, 아니 이 편지가 자네에게 닿을지조차 장담하지 못하는 상황이 원망스럽네그려.

지금은 모든 게 불확실하다네. 자네가 있는 그곳에까지 전쟁의 여파가 미치지 않길 바라고 또 바랄 뿐이야. 일흔이 넘어서 그런 건지, 아니면 이제 곧 떠날 때가 되어서 그런 건지 내 마음이 예전 같지 않다네.

난 이미 많은 죄를 지었네. 무슨 죄냐고? 허허, 그럼 내 넋두리를 좀 들어 주게나. 어떻게 내 삶이 일어섰고 또 망가져 갔는지 자네에게만은 꼭 말하고 싶으니까.

나와 자네는 10대 시절, 알렉산드리아에서 함께 유학했지. 이 세상에는 질서가 존재하며 그것은 인간을 포함한 모든 존재의 풍요로운 삶을 보증한다는 사실을 알게 된 시간이었네. 엄격하고도 아름다운 그 질서의 이름은 바로 수학이었지.

유학을 마치고 시라쿠사로 돌아온 난 본격적인 수학 연구를 시작했다네. 조그만 도시국가인 우리 시라쿠사가 부강한 나라가 되려면 과학기술이 발전해야 한다고 믿었기 때문이지. 난 주변의 큰 나라에 선한 영향력을 끼치는 조국의 멋진 모습을 그리고 있었다네. 그래서 주변 나라의 수학자들과 편지를 주고받으면서 시야를 넓히고 능력을 키워 갔지. 사모스의 코논으로부터 최신 기하학 이론을 배웠고, 이집트의 에라토스테네스를 통해 소수를 찾아내는 방법을 알게 되었다네.

하지만 난 수학 자체만으로는 만족할 수 없었어. 그래서 농부들에게 도움을 주는 나선양수기를 발명하기도 했지. 축을 돌리면 축에 연결된 나사 모양 곡선이 물을 길어 올리는 구조야.

무게중심의 절대 원칙을 찾아서

당시 나는 물체의 '무게중심'을 찾는 문제에 골몰하고 있었네. 바위처럼 거대한 물체까지 포함해서 모든 물체는 무게중심을 갖는다네. 만약 무게중심을 찾는 일반적인 원리를 발견한다면 거대한 물체도 자유롭게 움직일 수 있을 거야. 수학이 가진 과학적 유용성을 확실하게 보여 줄 수 있는 중요한 증거가 될 테지.

모든 이론은 문제 해결에서 시작하잖나. 난 어렵지도 쉽지도 않은 간단한 문제 하나를 생각해 냈다네.

실험을 해 보지 않고 공리만으로 답을 찾으려 했지. 유클리드 기하학을 공부한 나에게 이 정도는 그리 어려운 문제가 아니었다네.

난 물체의 무게를 쪼개서 일렬로 나열했다고 가정했어. 무게 2분의 1인 물체가 8개라면 그 정중앙을 쉽게 찾을 수 있지. 그 위치는 무게의 비와 마찬가지로, 두 물체와의 거리가 3 : 1인 지점이라네.

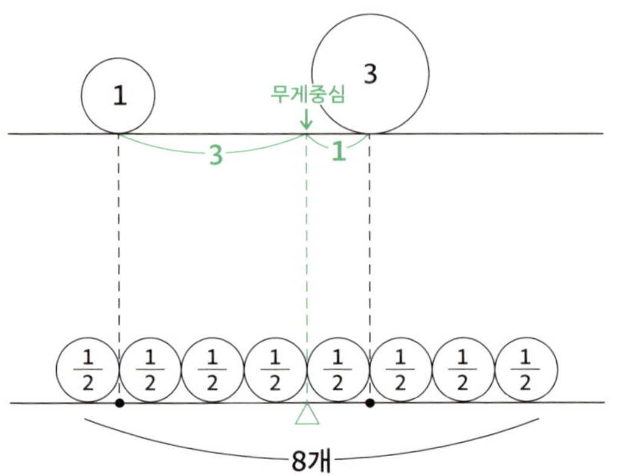

물체의 무게와 무게중심까지의 거리의 곱이 일정하다는 걸 발견한 거야!($1 \times 3 = 3 \times 1$) 이 결과를 증명해 내는 데 내가 사용한 원칙은 하나뿐이지.

저울의 양쪽에 놓인 물체의 무게가 같을 때,
무게중심은 정확히 그 가운데에 위치한다.

누구라도 인정할 수밖에 없고 실험과도 일치하는 자명한 공리라네. 순수 수학이 추상이라는 둥지를 허물고 세상 속으로 들어오기 시작한 거야.

난 나의 발견을 정리해서 선배이자 동료였던 코논에게 보냈어. 얼마 후 그가 흥분과 격려로 가득 찬 답장을 보내왔지. 그는 물체의 무게중심을 바탕으로 한 지레의 원리를 수학의 다른 영역에 사용할 수 있을 것이라는 조언도 덧붙였어. 그렇게 내 관심은 포물선 연구로 옮겨 갔지.

수학이 전쟁 무기로 이용되다

로마와 카르타고가 멈췄던 전쟁을 다시 시작한 건 우리 모두 알고 있는 사실이야. 우리 사라쿠사의 왕 히에론은 로마의 지상군이 카르타고 군대에 계속해서 패배하는 걸 지켜보다가 로마와의 우호 관계를 끊고 카르타고 편으로 돌아섰다네. 이에 대응해 로마는 평민 출신 장군 마르켈루스를 시라쿠사 점령 사령관으로 임명했지.

마르켈루스는 군인이지만 학문과 예술에 조예가 깊은 인물이라네. 그는 침략군 사령관으로 임명되자마자 히에론 왕에게 편지를 보냈어. 겉으로는 정중하게 시라쿠사의 아름다운 자연과 수준 높은 문화를 사랑한다고 말했지만, 사실은 항복을 권유하는 편지였지.

전쟁 영웅 출신인 히에론 왕은 그리 만만한 사람이 아닐세. 왕은 나를 불렀네. 왕의 입장은 확고했어. 단 한 명의 로마 해군도 시라쿠사의 땅을 밟지 못하게 해야 한다고 고함을 지르더군. 무거운 돌을 던져 적을 정확히 맞힐 수 있는 무기를 개발하라는 명이 떨어졌지.

집으로 돌아가는 길에 생각했다네. 마르켈루스가 관대한 사람이라고 해도 침략군 사령관이라는 사실은 변하지 않아. 그가 정복한 나라의 문화재를 보호할지는 몰라도 군인들의 약탈까지 막지는 않을 걸세. 내가 무기를 개발해서라도 그를 막아 내야만 하는 이유지.

지레의 원리를 이용하면 돌을 멀리 보내는 건 어렵지 않아. 문제는 날아간 돌이 떨어질 위치지. 그것을 알려면 돌이 날아가면서 그리는 궤적을 알아야 해.

난 그 궤적이 '포물선'이라는 사실을 이미 알고 있었다네. 당시에 포물선 원리를 막 증명한 참이었으니까. 운명이란 참으로 아이러니한 게 아닌가. 내가 포물선 연구를 하지 않았다면 돌로 사람을 죽이는 투석기도 발명하지 못했을 테니 말일세. 마치 이

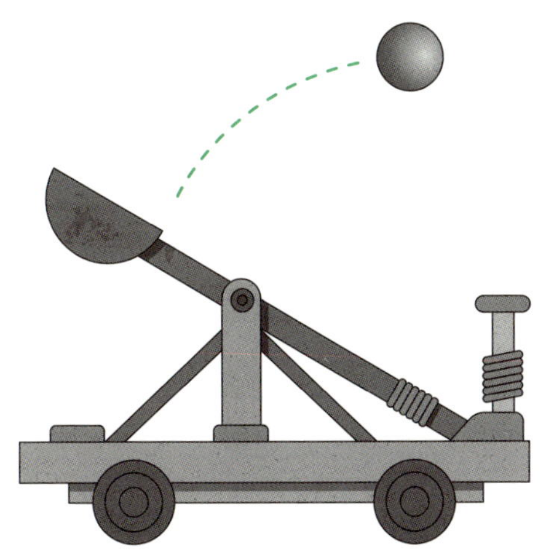

전쟁을 위해 미리 준비하고 있었다는 듯 일이 진행되다니. 피할 수 없는 운명이란 게 정말 있는 건가 하는 생각을 지울 수 없었다네.

투석기가 정확한 위치로 돌을 날려 보낸다는 사실을 몇 번의 실험을 거쳐 확인한 왕은 크게 만족했네. 나의 지휘에 따라 해안 경비부대는 나무를 깎아 거대한 지레 투석기를 정교하게 제작했어. 이 투석기가 해안가로 침입하는 로마군의 배에 돌을 던질 것이고 배에 탄 수백 명의 군인은 모두 바다에 묻힐 테지.

나라의 보물, 인류의 죄인

하지만 자네도 알다시피 로마가 그리 쉽게 포기할 리가 없지 않은가. 난 히에론 왕이 마르켈루스와 외교 협정을 맺기를 바랐다네. 작은 승리와 큰 타협. 거기서 멈춘다면 양쪽 모두 승리한 셈이 아닌가.

교전 직전 마르켈루스는 두 번째 편지를 보내왔다네. 그는 문제의 한가운데 내가 있다는 사실을 알고 있었네. 편지에는 전쟁을 멈추는 조건으로 나, 아르키메데스를 로마로 넘기라고 적혀 있었지. 물론 편지의 말투는 매우 정중했다네.

히에론 왕 또한 최대한 격식을 차려 답장을 보냈어. 로마가 원하는 보물은 얼마든지 줄 수 있다고 했지. 단, 시라쿠사에서는 보물에 사람을 포함하지 않는다는 말을 덧붙였지만 말일세.

만약 왕이 나를 로마에 넘겼다면 명예를 중시하는 마르켈루스는 전쟁을 멈추었을 걸세. 하지만 왕은 그러지 않았지. 나를 가장 소중한 보물로 생각했으니까.

마르켈루스는 대군을 끌고 쳐들어올 게 분명했어. 내 목적은 로마군을 모조리 죽이는 것이 아니라, 그들이 우리 땅에 상륙하지 못하게 만드는 것이었네. 자신들의 배가 가라앉고 불타는 모습을 본 로마군이 의지를 잃고 그냥 돌아가 주기를 바라는 바보 같은 마음이 있었던 거야.

투석기가 자신이 죽이게 될 사람 수보다 압도적으로 많은 사람의 생명을 보호할 수 있다면, 이 무기를 만든 내 죄가 용서될까? 신께서 내 마음을 이해하실까.

난 투석기의 제작 원리를 기록으로 남기지 않기로 했네. 죄인은 나 한 사람으로 족하니 말일세.

로마의 스파이가 숨어 있다

그런데 투석기 준비가 끝난 뒤에 예상치 못한 일이 벌어졌어. 밤사이 투석기의 줄들이 풀려 있었다네. 얼핏 봐서는 알 수 없을 정도로 미묘하게 풀려 있는 것으로 보아 누군가 일부러 조정해 놓은 게 분명했어.

투석기는 이번 전투 수행에서 가장 중요한 부분이야. 난 범인이 투석기의 처음 상태와 원리를 아는 사람, 다시 말해 해안 경비부대 군인 중 누군가라는 결론에 이를 수밖에 없었다네. 마르켈루스가 스파이를 보낸 걸까?

난 범인이 남긴 모래 발자국을 따라 경비부대 숙소 중 한 곳에 도착했다네. 중요한 일을 마친 범인이 새로운 임무를 위해 잠들어 있을 곳 앞에서 난 그를 찾을 방법을 고민했지.

전쟁 지원 부대인 해안경비대의 갑옷은 육군이나 해군의 갑옷과 형태가 비슷하지만 밀도가 더 낮다네. 갑옷에 사용된 금속의 종류가 다르다는 말이지. 스파이는 갑옷을 어떻게 구했을까? 해안 경비부대의 물품이 도난당했다는 소식은 듣지 못했으니, 스파이가 가짜로 만들었을 가능성이 있지.

병사들의 갑옷은 같은 금속으로 만들어져 있기야 하지만 크기와 무게는 제각각일 걸세. 그러니 단순히 비교해서는 가짜 갑옷을 찾아낼 수 없을 거야. 그래서 난 금속의 밀도를 이용하려고 마음먹었다네.

다음 날 아침, 경비대장의 명령에 따라 그 숙소의 경비병 모두 해안가에 모였다네. 난 그들의 갑옷을 하나하나 받아서 무게를 잰 다음, 같은 무게만큼의 금속을 저울 반대편에 달았지. 그리고 저울을 거대한 물통에 담갔다네. 물속에 잠긴 물체는 자신

의 부피만큼 물로부터 위로 밀어내는 힘을 받지. 난 그걸 '부력'
이라고 부르기로 했어.

갑옷이 저울 반대편의 금속과 밀도까지 같은 진짜라면 부피
도 같겠지. 그럼 같은 크기의 부력을 받을 테니 저울 양쪽은 물
속에서 평행을 이뤄야 해.

내 생각은 적중했다네. 스무 명이 넘는 경비대 인원 중 단 한
명의 갑옷만이 무게중심을 잃고 한쪽으로 기울어졌어.

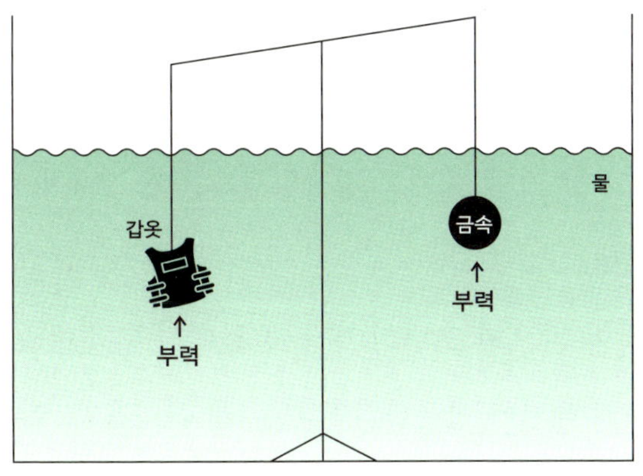

푸른 눈의 청년은 곧바로 자신이 로마의 스파이임을 자백했
네. 처형당하기 직전 그는 이렇게 말했어.

"전쟁은 우리 로마가 승리할 것입니다. 그럼 안녕히."

흔적이 거의 남지 않게 투석기 줄을 조정해 놓은 걸 보면 그 청년도 수학을 공부했을 걸세. 어쩌면 나처럼 알렉산드리아 유학생 출신일지도 모르지. 참으로 안타까운 일이야.

모래 위에 끄적인 진리

지금 전쟁의 상황은 우리에게 불리해. 해군을 잃고 본토까지 침략당한 카르타고가 로마에게 항복하는 것은 시간문제니까 말일세. 마르켈루스는 나를 간절히 원하고 있다네. 그는 날 반드시 생포하려고 할 거야. 자네도 짐작하겠지만 난 그에게 협조할 생각이 없다네.

이제 날이 밝으면 로마의 대군이 들이닥칠 것이네. 한 척의 배라도 우리 해안에 상륙한다면 모든 게 끝나겠지. 로마 청년의 모습은 내 마음속에서 조용히 움직이던 뭔가를 일으켜 세웠네. 난 이 전쟁에서 살아남을 생각이 없어. 내가 찾아내서 처형당하게 한 로마 청년처럼 나 또한 나의 운명을 기꺼이 따를 생각이라네. 하얀 모래사장에서 나뭇가지로 도형을 그리면서 말일세.

나타났다가 금방 사라지는 모래 발자국처럼 허망한 우리의 삶이지만 우리가 모래 위에 그렸던 진리는 영원하겠지.

잘 있게. 친구여. 그동안 고마웠네.

덧붙임: 편지와 함께 보내는 논문은 내가 발견한 기하학과 광학 그리고 공학의 정리와 그 증명이네. 해안의 모래알 개수를 셀 수 있는 큰 수 계산법은 참고만 하게.

참, 무기 제작법은 모두 버렸다네. 절대로 절대로 내게 답장해서는 안 돼. 그들이 자네를 찾아낼 것이니 말일세.

친애하는 ○○에게

A가

현실에 응용되는 수학,
아르케메데스

아르케메데스는 누구?

아르키메데스는 수학자이자 과학자로 기원전 3세기에 고대 그리스의 시라쿠사 왕국에서 활약했습니다. 물리학과 천문학, 공학 영역까지 중요한 업적을 남겼지요. 그가 깨달음의 순간에 외쳤다고 전해지는 '유레카(eureka)'는 '찾았다, 알았다'는 뜻의 고대 그리스어로, 지금도 발견의 기쁨을 상징합니다.

아르키메데스는 수학의 원리를 현실에 응용하여 과학의 원리를 발견하고 이어서 여러 과학 기기까지 직접 제작했습니다. 세계에서 가장 권위 있는 국제수학상인 필즈상 메달에는 그의 옆얼굴이 새겨져 있지요.

이 장의 이야기는 지중해의 해상 무역권을 차지하기 위해 로마와 카르타고 사이에 벌어졌던 2차 포에니 전쟁을 배경으로 하고 있습니다. 이 전쟁에서 아르키메데스의 조국 시라쿠사는 카르타고의 편에 섰고, 아르키메데스가 개발한 투석기에 힘입어 로마의 공격을 잘 막아 냈으나 결국 로마에 점령당하고 맙니다. 아르키메데스 또한 전쟁의 와중에 비극적 죽음을 맞이하게 되지요.

그의 수학은 오랫동안 명맥이 끊어졌다가 17세기 이후 갈릴레이 시대에 와서 본격적으로 부활합니다.

지레의 원리

지레의 원리는 아르키메데스 수학의 핵심입니다. 이 장의 이야기에 제시된 것처럼, 질량을 작게 나누어 무거운 물체와 가벼운 물체의 질량을 같게 만드는 방식으로 '무게중심의 공식'을 증명했지요. 20세기 초에야 발견된 그의 저서 《방법》을 보면, 그는 이 원리를 응용하여 '구의 부피 공식'을 포함한 수많은 공식을 증명했습니다.

비중 개념과 부력의 원리 또한 아르키메데스 수학의 중요한 과학적 성과입니다.

	학년	학기	단원명
교과 연계	중1	2학기	비와 비례식
	중2	1학기	입체도형의 부피와 겉넓이

탐정 갈릴레이

마녀사냥을 멈춰라

마녀재판에
나타난
갈릴레이가
기울어진 탑을
가리키다!

#낙하_운동
#등가속도_운동

“선생님, 저 왔습니다.”

갈릴레이는 문 쪽으로 고개를 돌렸다. 화사한 표정의 젊은이가 문을 열고 들어오고 있었다.

“오, 이제 왔나. 토리첼리 군.”

토리첼리는 두 손을 모으고 예를 표한 다음, 탁자 앞에 앉았다.

“무사한 걸 보니 반갑구먼. 하하.”

“선생님이야말로요.”

갈릴레이는 학교에서 심플리치오[*]와 공개 논쟁을 벌인 이야기를 토리첼리에게 들려주었다. 토리첼리는 화통하게 웃으며 놀렸다.

"진공 이야기도 해 주지 그러셨어요?"

"그랬다가는 그 작자가 교황청에 나를 바로 고발했을 걸세."

'진공'이란 그 속에 아무것도 존재하지 않는 공간을 말한다. 심플리치오 교수를 비롯해 대다수 사람들은 진공이 신의 손길이 미치지 않는 영역이므로 신의 존재를 부정하는 개념이라고 믿었다. 그러니 그들에게 진공이란 매우 위험한 말이었다. 갈릴레이가 우주의 중심이 지구가 아니라 태양이라며 지동설을 주장했을 때만큼이나 분노할 게 틀림없었다.

추론과 실험 사이에서

갈릴레이는 이론과 사실이 하나로 합쳐질 때 비로소 진리가 될 수 있다고 생각했다. 아무리 그럴싸한 이론이라도, 관찰하고 실험한 사실에 들어맞지 않으면 버려야 한다. 이론은 다시 세울

● **심플리치오** 갈릴레이의 저서 《두 우주 체계에 대한 대화》에서 갈릴레이의 지동설을 반박하는 인물.

수 있어도 사실은 부정할 수 없기 때문이다.

그는 물체의 낙하 속도에 관해 연구 중이었다. 일반의 상식과 달리, 물체의 낙하 속도가 물체의 무게와 관계가 없다는 것을 추론을 통해 이미 증명했다.

하지만 실험 결과는 추론과 달랐다. 쇠공이 깃털보다 더 빨리 땅에 떨어졌다. 이유가 뭘까? 갈릴레이는 시라쿠사의 현인 아르키메데스의 부력 연구에서 힌트를 발견했다. 물에 쇠공을 넣으면 가라앉고, 깃털을 넣으면 뜬다. 두 물체의 '비중●' 차이 때문이다. 쇠공은 물보다 비중이 크고, 깃털은 물보다 비중이 작다. 그런데 물이 아니라 공기 중에서라면 어떨까?

공기는 물보다 비중이 훨씬 작기 때문에, 물체를 허공에 떨어뜨린다면 두 물체의 낙하 속도 차이도 그만큼 줄어들 것이다. 나아가 공기가 전혀 없는 상태, 즉 진공 상태가 된다면 낙하를 방해하는 것이 아무것도 없으니 두 물체는 같은 속도로 떨어질 것이다!

하지만 완벽한 진공을 만들어 내는 것은 쉬운 일이 아니었다. 고민 끝에 갈릴레이는 수직에 가까운 빗면에 눈금을 그어 놓고

● **비중** 어떤 물질의 밀도를 기준 물질(예: 물 또는 공기)의 밀도로 나눈 값이다.

쇠공을 굴리는 실험을 설계했다. 공기의 저항을 되도록 작게 만들기 위해서 더 무거운 물체로 실험을 한 것이다. 쇠공의 무게를 바꿔 가며 수많은 실험을 거친 끝에 갈릴레이는 결국 물체의 낙하 속에 숨어 있는 수학적 규칙을 찾아냈다.

"낙하에 관한 선생님의 이야기를 듣고 싶습니다."

갈릴레이는 고개를 끄덕였다.

"이제 곧 알게 될 걸세. 내가 실험으로 확인한 낙하의 수학적 원리를 공개적으로 입증해 보이게 될 기회를 얻었네."

"공개적으로요?"

그때 노크 소리가 들리더니 나이 든 여인이 조용히 들어왔다. 그녀는 갈릴레이에게 무언가 속삭이고는 다시 나갔다.

"시간이 된 것 같군."

갈릴레이는 어리둥절한 표정의 제자를 보며 싱긋 웃었다.

마녀일까, 아닐까

갈릴레이와 토리첼리는 사람들을 헤치며 광장의 기둥 쪽으로 걸어갔다. 기둥에는 화려한 옷차림의 여성이 묶여 있었고 그 앞 바닥에는 커다란 별 모양이 그려져 있었다. 별의 5개 꼭짓점에서 횃불이 타올랐다. 검은 옷을 입은 사제가 기둥 뒤에 서서 군중을 향해 뭔가를 읊고 있었다. 군중 속에는 심플리치오의 얼굴도 보였다. 바람이 거의 없는 화창한 날씨였다.

"마녀사냥 집회군요."

토리첼리가 작은 소리로 말했다. 갈릴레이는 고개를 끄덕이며 묶여 있는 여성 앞으로 다가갔다.

"잠깐 멈추시오!"

주변 사람들이 모두 펄쩍 뛸 만큼 큰 목소리였다. 사제는 고개를 들어 앞을 바라보았다. 갈릴레이가 말했다.

"이 여성은 우리 모두 잘 아는 사람입니다. 사망한 남편의 재산을 잘 일구어 평생 가난한 농부를 돕고 보육원에 기부해 온 사람이 마녀라면, 사제와 여기 있는 모두는 확실히 지옥에 가야겠군요."

사제가 갈릴레이를 노려보며 받아쳤다.

"농민에게 빚을 지게 하고 어린아이에게 사악한 기운을 전파한 죄만으로 이미 마녀가 되기에 충분해."

“사악한 기운은 지금 당신들이 퍼뜨리는 거고, 실제로는 이 여인에게 빚진 사람보다 탕감받은 사람이 훨씬 많다고 알고 있소.”

고개를 든 여성이 갈릴레이를 쳐다보았다. 여자가 ‘감히’ 혼자 사는 데다 재산까지 많다는 게 바로 그녀가 마녀로 몰린 이유였다. 군중 속에서 누군가가 소리쳤다.

“그건 증거가 안 돼. 마녀들이 흔히 쓰는 위장 수법이거든.”

“증거라…. 그럼 이건 어떻소? 직접 실험해 보는 겁니다.”

실험이라는 단어를 듣는 순간, 토리첼리는 스승의 계획을 깨달았다. 갈릴레이는 멀리 기울어진 탑을 손가락으로 가리켰다.

“저 탑 꼭대기에서 그녀를 떨어뜨리는 거죠. 빗자루를 타고 밤마다 날아다니는 마녀가 그대로 떨어질 리는 없겠지요? 그녀가 정체를 드러내고 날아오른다면 여기 모인 분들이 불화살로 쏘아 잡으면 됩니다. 만약 그대로 추락해 버린다면 마녀가 아니라는 증거가 될 겁니다. 이보다 확실한 검증이 있을까요?”

하지만 갈릴레이의 주장대로 그녀가 마녀가 아니라면 그대로 추락해 죽는 게 아닌가. 토리첼리는 스승에게 그 나름의 계획이 있을 거라고 생각했지만 불안한 마음은 사라지지 않았다. 갈릴레이는 묶여 있는 여인을 향해 소리 높여 물었다.

"검증에 동의하십니까?"

"저는 어차피 죽을 운명입니다. 죽은 후라도 제 억울함을 풀고 이후에 이런 일이 없기를 바라는 마음으로 동의하겠습니다."

갈릴레이는 기둥에서 풀려난 여인과 함께 탑 꼭대기에 올라갔다. 그리고 사제와 군중에게 말했다.

"그녀는 이 작은 돌멩이와 동시에 바닥에 추락할 것입니다. 내기해도 좋습니다."

사제가 이를 드러내며 웃었고 여인은 곧바로 아래로 던져졌다. 바닥에 부딪히기 직전, 탑 아래쪽에서 뭔가가 튀어나와서 여인과 돌멩이를 튕겨 올렸다. 여인과 돌멩이는 몇 번 더 튀어 오르고 떨어지고를 반복하다가 거의 동시에 땅에 내려앉았다.

갈릴레이가 해결 못한 한 가지

"정말로 죽는 줄 알았다고요. 얼마나 놀랐는지 아세요?"

교수실로 돌아온 갈릴레이는 토리첼리의 원망을 들으며 얇은 노트를 꺼냈다.

"내가 빗면 실험을 통해 밝혀낸 사실이 있네. 빗면에 어떤 무게의 쇠공을 굴리든 1초에 4.9m, 2초에 19.6m, 3초에 44.1m, 4초에 78.4m 이동한다는 거지. 그러므로 시간(t)과 낙하 거리(s)의 관계를 수식으로 나타내면 이렇게 될 거야."

$$S = 4.9 \times t^2$$

"이 사실을 해명하기 위해서 나는 물체가 낙하할 때 속도(v)가 일정하게 증가하는 '등가속도 운동'을 가정했다네. 이때 거리, 시간, 속도의 관계를 직각삼각형으로 표현할 수 있어."

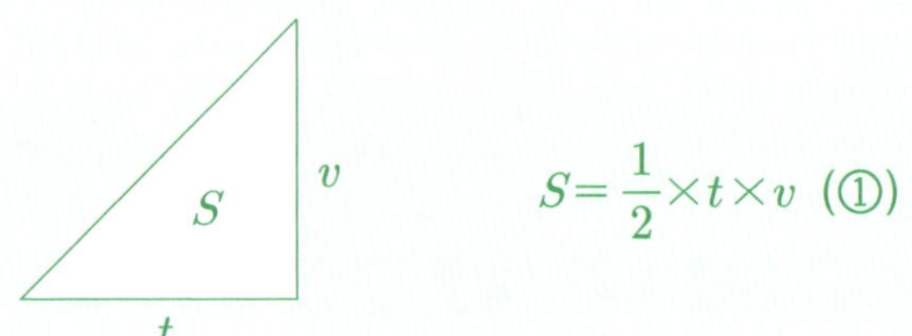

노트를 들여다보던 토리첼리가 고개를 들고 말했다.

"일정하게 증가하는 속도가 비스듬한 직선을 만들어 내는 데

착안해서 직각삼각형의 넓이를 이용했군요!"

갈릴레이가 고개를 끄덕이고 말을 이었다.

"이렇게 하면 진공에서 물체의 낙하 거리는 물체의 무게와 관계없이 흐른 시간의 제곱에 비례한다는 사실이 설명돼. 아울러 중력가속도(a), 즉 지구상에서 모든 물체가 중력에 따라 낙하할 때 1초마다 속도가 얼마씩 증가하는지도 알아낼 수 있다네."

$$a = \frac{v}{t} \text{ 이므로 } v = at \text{ (②)}$$

$$\therefore S = \frac{1}{2} \times a \times t^2 \text{ (①, ②에 의해서)}$$

$$S = 4.9 \times t^2 \text{ 이므로}$$

$$a = 9.8$$

"공식에 따라 여인의 낙하 시간을 계산해 보면 3.3초 정도가 나오는데 아까 내 맥박으로 측정해 보니 거의 일치했다네."

감탄한 토리첼리가 고개를 설레설레 저었다.

"그나저나 아까 탑에서 튀어나왔던 거 돼지 오줌보 맞죠?"

"그래. 그걸로 공놀이하는 아이들에게 용돈을 주고 얻었다네. 여기저기서 얻은 걸 모아서 튜브처럼 만들었지. 어떤 물건이든

쓰기 나름 아닌가?”

　고개를 끄덕인 토리첼리는 손가락으로 노트의 다른 문장을 찾아 계속 읽어 내려갔다.

　“이 부분이 인상적입니다. 낙하 법칙은 물체의 무게와 상관없이 성립하기 때문에 우리는 지상에서 날아가는 모든 물체가 포물선 운동을 한다는 일반적 결론에 도달하게 된다.”

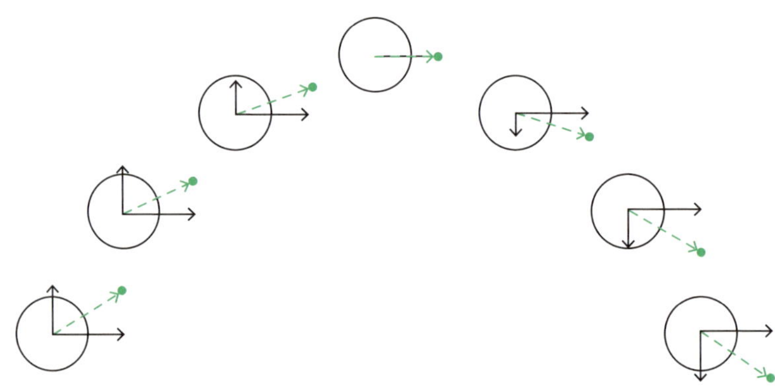

"그리스 시절에도 날아가는 물체가 포물선을 그린다는 생각은 있었다네. 하지만 수학적으로 명확히 증명되지는 못했지."

갈릴레이는 잠시 망설이며 노트를 만지작거렸다.

"한 가지, 문제가 있다네."

갈릴레이는 손가락으로 천장을 가리켰다.

"지구를 포함해서 모든 천체는 원운동을 해. 원은 완벽한 대칭성을 가진 도형이지. 우리가 지구의 운동을 이해할 수 있는 이유는 원의 대칭성에서 나오는 풍부한 수학적 성질 때문이라네. 그런데 내가 논문을 통해 밝혔듯이 지상에서 물체는 원운동이 아니라 포물선 운동을 하지 않나. 포물선 또한 수학적으로 정확히 계산할 수 있는 형태야."

"'자연은 수학이라는 언어로 쓰인 책이다.' 선생님이 하신 말씀처럼요."

"난 궁금하다네. 왜 천상의 운동과 지상의 운동 형태가 다른 건지. 저 옛날 아리스토텔레스의 말처럼 오류 없는 천상과 소음으로 가득 찬 지상의 운동이 다를 수밖에 없다는 주장을 나는 받아들일 수 없다네. 하늘에서나 땅에서나 운동은 같고, 그 법칙은 하나여야 하지 않겠나?"

갈릴레이는 서랍을 열고 서류를 꺼냈다.

"며칠 전에 교황청에서 도착한 거라네."

토리첼리는 의심과 기대가 섞인 표정으로 서류를 건네받았다.

귀하의 저서《흑점에 관한 편지들》과《프톨레마이오스와 코페르니쿠스의 2대 세계 체제에 관한 대화》가 성서에 반하는 주장을 담고 있다는 고발장이 본 재판소에 접수되었으며 심도 있는 논의 결과 귀하의 소명이 필요하다는 결론에 도달하였습니다. 이에 위대하신 교황 우르바노 8세 이름으로 소환을 명합니다. 이번 달 내로 본 재판소로 출두하시기 바랍니다.

16**년 *월 *일. 로마 종교재판소장 추기경 벨라르미네

"소환 통보서군요"

"세 번째야. 이번에도 거절하면 아마도 난 체포되겠지."

"거처를 옮기시는 게 어떻습니까? 아니면 병을 핑계로…"

갈릴레이는 고개를 저었다.

"그 사람들은 모든 걸 가진 권력자입니다. 스승님의 주장을 들으려고도 하지 않을 거라고요."

"그렇겠지. 하지만 내가 걱정하는 건 그들이 아니라 바로 나 자신이야."

갈릴레이는 자신의 한계 또한 잘 알고 있었다. 자연의 수학적 설계에 대해 누구보다 강한 확신이 있었지만, 아직 모든 사람을 설득할 수 있는 이론, 하늘과 땅을 아우르는 통일적 법칙을 발견하지 못한 것이다. 이 발견을 위해서는 다음 세대의 또 다른 누군가를 기다려야만 했다. 그러기 위해서 자신이 할 일은 분명했다. 불완전하다는 이유로 도망가는 게 아니라, 현재의 거짓에 용감하게 맞섬으로써 새로운 세대에게 길을 열어 주는 것.

"난 로마로 가겠네. 자네는 돌아가서 진공에 관한 연구●를 계속하게나."

● **진공에 관한 연구** 토리첼리는 이탈리아의 수학자이자 물리학자로, 갈릴레이의 실제 제자였다. 훗날 유리관과 수은으로 진공을 만드는 데 성공하여 물리학 발전과 응용(유체역할, 기상학, 공학 등)에 크게 기여했다.

권력에 지지 않는 진리, 갈릴레이

갈릴레오 갈릴레이는 누구?

갈릴레이는 16~17세기에 활약했던 이탈리아의 수학자이자 과학자입니다. 낙하 법칙을 발견함으로써 물리학이라는 학문의 문을 열어젖혔고, 망원경 관측을 통해 지동설을 증명함으로써 이후 과학과 사회 발전에 매우 큰 영향을 끼쳤습니다.

마녀사냥 또는 마녀재판은 14~17세기에 주로 유럽의 여러 나라와 교회에서 이단자를 마녀로 판결하여 화형에 처하던 일을 말합니다. 하지만 실제로는 종교적 이유와 상관없이 당시의 지배적인 이론과 다른 이론을 주장하는 학자나 종교인, 또는 이 장의 이야기에 나오는 것처럼 재산이 많은 과부 같은 서민조차도 마녀로 몰려 부당하게 처형당했지요.

갈릴레이는 대학교수 신분이었고 지식인 사회에서 큰 영향력을 가지고 있었으며 신분이 높은 종교인들과 친분도 있었습니다. 그러나 그 또한 지동설을 주장했기 때문에 종교재판을 피해 갈 수는 없었지요. 그는 자신의 주장 중 일부를 취소하는 등 교황청과 타협하여 처형은 면했지만, 집 안에만 머물며 외출을 마음대로 하지 못하는 상태로 평생을 살게 됩니다.

수학을 바탕으로 세워진 근대 물리학

갈릴레이는 낙하 법칙을 발견하는 과정에서 '속도'(이동 거리÷경과 시간)와 '가속도'(속도 변화÷경과 시간) 개념을 발명했습니다. 이야기 속 내용과 같이 낙하하는 물체의 속도와 시간의 관계(일차함수) 속에서 만들어지는 직각삼각형의 넓이를 이동거리로 보았지요.

이러한 해석은 근대 물리학이 수학을 바탕으로 형성되어 가는 과정을 잘 보여 주고 있습니다. 그러나 갈릴레이는 하늘의 운동(원)과 땅의 운동(포물선)을 통일적으로 설명하는 데 실패했는데요. 갈릴레이의 뒤를 이어서 이 부분을 수학(기하학)을 이용하여 성공적으로 설명한 사람이 바로 뉴턴입니다.

	학년	학기	단원명
	중2	1학기	일차함수와 그 그래프
교과 연계	중2	2학기	삼각형과 사각형의 성질
	중3	1학기	이차함수와 그 그래프

사라진 아이들을 찾아라

탐정 사무소를
차린 데카르트,
조수와 함께
아동 실종 사건을
파헤치다!

#보조선
#좌표
#도형의_방정식

데카르트가 북쪽의 네덜란드로 건너온 지 벌써 2년이 지나가고 있었다. 보수적인 가톨릭 국가 프랑스에서는 종교적 압력이 너무 심해서 더 버틸 수 없었다. 네덜란드에서는 사상적 자유는 충분히 누릴 수 있었지만 대신 스파이가 있을 수 있어 늘 몸조심해야 했다.

신분을 숨긴 채 일자리를 구하기는 쉽지 않았다. 프랑스를 떠날 때 가져온 돈과, 독일에 잠시 머물 때 후원을 받았던 돈도 1년이 지나가면서 거의 다 떨어졌다. 가정교사 일을 구할까 생각했으나 수학 연구에 방해가 될 것 같았다.

고민 끝에 데카르트는 사설 탐정 사무소를 열기로 하고 '탐정

X'라는 간판을 하숙집에 걸었다. 시간이 지나면서 입소문을 타고 사건이 들어오기 시작했지만 잃어버린 물건 찾기 아니면 불륜의 증거 잡기 같은 일들이었다. 네덜란드 귀족의 사생활은 프랑스에 못지않게 문란했기 때문이다.

바쁜 시간이 계속되자 데카르트는 얼마 지나지 않아 스피노라는 이름의 현지 조수를 고용했다. 수입이 어느 정도 수준에 이르자 데카르트는 사소한 사건 처리를 조수에게 맡겼다. 그리고 자신은 사무실 구석에서 수학과 철학 연구에 매진했다. 운명의 그 사건이 벌어지기 전까지 말이다.

신에게 빛이 있다면, 인간에겐 이성이

"아이들이 실종된다는 소문이 있습니다."

스피노가 탁자 위에 놓인 도자기 잔에 뜨거운 물을 따르며 말했다.

"지난번 불륜 사건 때문에 이웃 동네에 출장 다녀왔잖아요.

그런데 거기서 아이들이 사라진다 하더라고요."

"어느 동네나 진위가 확인되지 않은 흉흉한 소문은 있게 마련이야."

스피노는 머리를 긁으며 대답했다.

"저도 그렇게 생각합니다만 만약에 사실…이면 심각한 일 아닐까요? 어린아이들이 스스로 집에 돌아오지 않을 이유가 없으니까요. 바람 나서 집 나간 남편이나 부인도 아니고 말이죠."

데카르트는 뜨거운 물에 레몬 조각을 넣으며 말했다.

"그건 그렇군. 혹시 다음번에 그쪽 동네에 출장 갈 일이 있으면 자세히 알아보는 것도 좋겠지."

스피노는 환하게 웃으며 고개를 끄덕였다.

"그나저나 소장님은 무얼 그리 열심히 보고 계신가요?"

전부터 궁금했다는 말은 굳이 덧붙이지 않았다. 스피노는 데카르트가 만난 그 누구보다도 이해가 빠르고 행동력이 있는 젊은이였다. 데카르트는 탁자 위에 그려진 그림을 들여다보고 있는 조수가 기특했다.

데카르트는 복잡하기 그지없는 그림을 손가락으로 가리키며 말했다.

"이건 광학이라네."

"광학이요? 그럼…"

스피노는 들어 본 적이 있다는 표정으로 말했다.

"빛과 관계되는 거군요."

그림을 한참 동안 살피던 스피노가 어깨를 으쓱하며 말했다.

"도저히 모르겠네요. 그림이 뭘 말하는지. 아, 이건 알겠다. 빛이 타원 표면에서 반사되어 초점으로 들어가는 것 말입니다."

데카르트의 두 눈이 커졌다.

"자네는 조수 일을 마치고 수학과 철학을 꼭 공부하게. 반드시 그래야 하네."

"가족 모두가 포르투갈 이민자 출신이라 여기서 먹고살기도 힘들어요. 그래도 뭐, 감사한 말씀이네요."

"출신은 중요하지 않네. 지성만이 그 사람을 말해 주는 거야. 힘을 내게."

스피노는 진지한 표정으로 고개를 끄덕였다.

"자네는 핵심을 말했어. 이 복잡한 보조선들은 빛이 타원 표면에 반사되면 타원의 초점으로 모인다는 단 하나의 사실을 증명하기 위해서 추가로 그린 흔적이라네."

“질문이 있습니다, 소장님.”

“말해 보게.”

데카르트가 도자기 잔을 탁자에 내려놓으며 말했다. 조국 프랑스가 그에게 도망자라는 오명을 덮어씌웠어도 어느 장소에나 진리를 사랑하는 사람들은 있게 마련이다. 그는 조수 겸 제자인 스피노와 하는 이 대화가 즐거웠으며 기쁘기까지 했다.

“우선 첫 번째는 이런 결과를 어디 쓰는지 궁금하고요. 두 번째는 이런 보조…선이라고 하셨나요, 선분들을 어떻게 생각해 내신 건지도 궁금합니다.”

데카르트의 입에 감탄과 만족의 미소가 올라왔다.

“역시. 내 생각이 틀리지 않았군. 자네의 지성은 철학을 공부하기에 충분하다네. 자, 우선 첫 번째 질문에 대한 대답일세. 빛과 도형(원과 타원)의 수학적 성질을 이용하면 빛을 한 점으로부터 나오게 하거나, 한 점을 향하게 하거나, 서로 평행이 되게 할 수 있다네. 이러한 배치들을 조합하여 광선을 조작하고 필요한 렌즈를 만들어 낼 수 있을 거야.”

“자연의 진리를 발견해서 인간에게 유용한 물건을 만든다는 생각이신 건가요?”

"바로 맞혔네."

데카르트는 고개를 끄덕였다.

"인간의 이성은 신의 빛*과도 같아. 우리는 이성을 통해 진리를 발견하고 그것을 통해 필요한 물건들을 발명해서 자신의 운명을 개척할 수 있지. 아니 개척해야 하네. 물질은 그 자체로는 아무것도 아니라네. 과학의 입김이 닿기 전에는 말이야. 그리고 그 과학의 핵심에 수학이 있다네."

스피노는 알 듯 말 듯한 표정을 지었다. 데카르트는 잔을 다시 들며 말했다.

"그 두 번째 질문 말이야. 사실 나도 그게 궁금하다네. 내가 어떻게 그 보조선들을 찾았는지. 도무지 기억해 낼 수가 없거든."

한 명의 천재 수학자보다 중요한 것

'유클리드는 사악한 천재야.'

스피노가 떠나고 난 빈방에서 데카르트는 생각했다. 학창 시절에 배웠던 유클리드의 《원론》은 화려한 논리의 눈부신 공연장과도 같았지만, 어떻게 해서 그런 생각이 가능했으며 어떤 근거로 그런 보조선을 찾을 수 있었는지 그 '발견'의 배경에 관한 이야기는 전혀 없었다.

'이것 봐. 대단하지. 이렇게 하면 완벽해. 내 논리 전개에는 눈곱만큼의 오류도 없다니까. 그러니까 자네들이 할 일은 편하게 받아들여서 잘 외우는 것 말고는 없어. 어때, 고맙지?'

《원론》을 읽으면 유클리드가 이렇게 말하는 듯했다.

데카르트는 유클리드의 정교한 논리를 따라갈 정도로 총명했으나 그런 전개 방식에는 결코 동의할 수 없었다. 그건 학문이 아니라 차라리 억압에 가까웠다.

중요한 것은 논리와 이성으로 분명하게 이해할 수 있느냐였다. 그리고 그 확실성의 기준은 전통도 여론도 저자의 권위도 아닌 오직 나 개인이다. 사유하는 주체는 오로지 개인일 수밖에 없기 때문이다.

나는 생각한다. 고로 존재한다.

데카르트는 망원경으로 하늘을 관찰하며 지동설을 증명한 갈릴레이를 떠올렸다.

그 누구보다도 고귀하고 담대한 갈릴레이지만 브루노*가 화형당하는 것을 보자 기가 꺾여 결국 교황청과 타협하고 말았다. 데카르트 또한 갈릴레이의 이론을 지지하는 몇 편의 논문을 작성했으나 출판을 미룰 수밖에 없었다. 그렇게 고국 프랑스를 떠나 독일을 거쳐 이곳 네덜란드에 정착했다. 언제까지 도망 다닐 수 있을지 장담할 수 없는 망명자 신세.

데카르트는 창밖으로 눈을 돌렸다. 깜깜한 어둠 속에 새벽이 들어서고 있었다. 그래. 그 누구도 새벽이 오는 것을 막을 수는 없다. 유클리드의 《원론》은 새로운 수학으로 거듭나야 한다. 문제는 보조선이다. 보조선을 없앨 수만 있다면…

● **브루노** 16세기 이탈리아의 종교인이자 천문학자. 천동설을 부정하고 다원우주론을 주장했다는 이유로 교황청에 체포되어 화형당했다.

아동 납치범의 정체

데카르트는 탁자 앞에 앉은 채로 밤을 지샜다. 뭔가가 머릿속을 획 하고 지나간 것 같은데 정체를 알 수가 없다. 계속 제자리다.

자리에서 일어난 데카르트는 침대에 누웠다. 천장의 격자무늬가 또렷이 눈에 들어왔다. 단순하고 아름다운 문양. 그 옛날 피타고라스도 이런 격자를 보고 그 위대한 정리의 증명을 생각해 냈을까? 데카르트는 머리를 좌우로 흔들었다.

계단을 뛰어오르는 소리가 들리더니 문이 활짝 열리며 스피노가 스프링처럼 튀어 들어왔다.

"소장님. 아무래도 그놈들 같습니다!"

데카르트는 스피노를 잠시 쳐다본 후, 의자를 그 앞으로 끌어당겨 주며 말했다.

"그놈들이라니?"

의자에 앉은 스피노는 무릎에 두 손을 대고 잠시 숨을 고르더니 천천히 말을 밀어냈다.

"아이들이 사라진다는 이웃 동네에 다녀왔는데 여자아이가 납치되는 걸 본 사람을 찾았습니다.”

“계속해 보게.”

“아이를 꾀어내서 마차에 태워 간 겁니다. 꾀어낸 놈, 납치한 놈, 마차를 운전한 놈까지, 적어도 세 놈이 연관되어 있어요. 납치한 후에 아이의 부모에게 연락도 전혀 없고요.”

“아이를 납치해서 필요한 곳에 팔아넘기는 조직이라는 말이군. 그렇다면…”

“하나밖에 없죠.”

스피노는 고개를 끄덕이며 말했다.

“콤프라치코스• 말입니다.”

어린아이들을 납치한 후 극단이나 아이가 필요한 귀족 등에 돈을 받고 넘기는 조직이었다. 데카르트도 그 이름을 익히 들어서 알고 있다. 스피노는 품에서 종이를 꺼냈다.

“아이 부모에게 의뢰장을 받아왔습니다.”

데카르트의 이마에 힘줄이 두드러졌다.

“어쩌면 납치된 아이들 모두를 구할 기회일지도 모르겠군.”

● **콤프라치코스** 스페인어로 ‘아이들을 사는 자들’이라는 뜻. 17~18세기 유럽을 배경으로 한 빅토르 위고의 소설《웃는 남자》에 등장하는 가상의 집단이다.

스피노의 눈이 반짝였다. 데카르트가 말을 이었다.

"자네는 이웃 마을로 다시 가서 아이에게 접근하는 마차들을 살피게. 어떻게든 놈들 근거지를 알아내야 해."

스피노는 탁자 위에 놓인 잔을 들어 물을 한 번에 마시고는 총알처럼 튀어 나갔다.

파리 한 마리 덕분에 발명한 공식

해가 다시 저물고 있었다. 스피노에게 연락이 오려면 며칠을 기다려야 할지 모른다. 데카르트는 침대에 누운 채로 생각에 빠졌다. 고달픈 망명 생활 중에 시작한 탐정 일이 걷잡을 수 없이 커지고 있다. 납치된 아이들을 구하고 조직을 한꺼번에 잡아들이는 건 좋은 일이다. 하지만….

어쩌면 이 사건이 탐정으로서의 마지막 임무가 될지 모른다는 생각이 들었다. 걱정과 불안이 가슴을 채웠지만 언제나 그렇듯 그는 냉정한 이성으로 자신을 돌아보았다. 어차피 일은 벌어졌다. 데카르트는 스피노에게 연락이 올 때까지 수학 문제에 다시 골몰하기로 했다.

격자 무늬 천장에 파리 한 마리가 어제 그 모습 그대로 앉아 있는 게 데카르트의 눈에 들어왔다. 끈질긴 놈이었다. 파리는 어제 위치에서 대각선 위쪽으로 조금 이동해 있었다. 칸칸이 나뉜 격자무늬가 아니었다면 파리의 위치 변화를 알아챌 수 없었을 것이다.

그때 파리가 다시 움직이기 시작했다. 파리는 원을 그리며 격자 주변을 천천히 돌아서 원래 위치로 돌아왔다. 데카르트의 머릿속 어딘가에 불이 켜졌다.

파리를 하나의 점으로 생각해 보자. 점은 격자 위에서 자신만의 위치를 갖는다(점=위치). 점이 격자 위를 규칙적으로 움직이면서 도형을 그린다. 즉, 도형은 점들이 격자 위에서 규칙적으로 모인 것이다.

그래, 이제 알겠어. 저 파리 한 마리 덕분에.

침대를 박차고 일어난 데카르트는 자신의 발견, 아니 발명을 종이 위에 기록하기 시작했다.

격자의 가로세로 한 쌍을 x축과 y축이라고 하자. 그리고 두

축이 만나는 곳을 기준점(원점)으로 하면 임의의 점(x, y)은 그 이름(위치)을 얻게 된다.

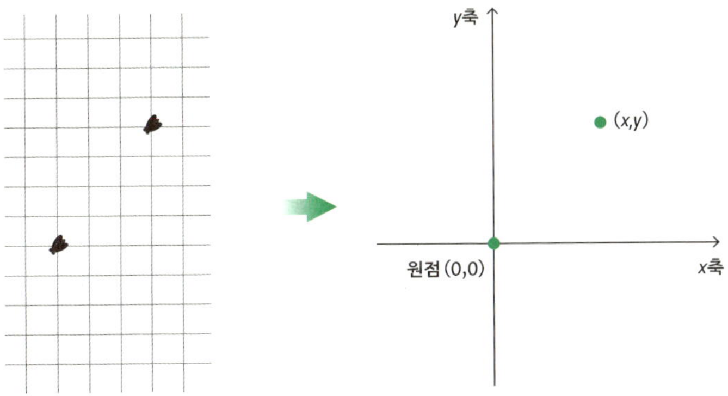

도형은 점이 움직여 가는 궤적이다. 따라서 점을 문자로 표현하고 그 문자들 사이의 규칙을 방정식으로 나타낼 수 있다면 그 방정식을 도형과 동일시할 수 있다.

예를 들면 원은 중심에서 일정한 거리(A)만큼 떨어져 있는 점들의 모임이다. 중심을 원점으로 놓고 반지름의 길이(r)를 직각삼각형의 빗변의 길이로 잡는다면 피타고라스의 정리$(r^2 = x^2 + y^2)$를 이용해서 원의 방정식을 구할 수 있다.

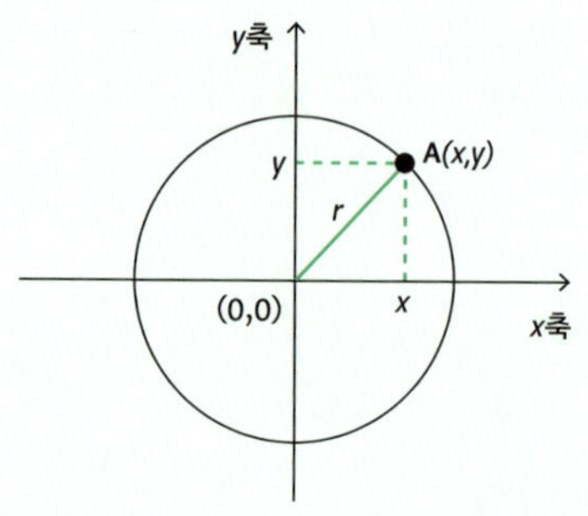

반지름의 길이가 r일 때,
원은 방정식 $x^2+y^2=r^2$으로 표현된다.

직선 또한 마찬가지로 그 방정식을 찾을 수 있다. 직선(l)이 지나는 점 중 한 점을 원점으로 놓고 다른 한 점을 (x, y)로 놓는다면, 직각삼각형의 닮음의 성질을 통해서 직선의 방정식을 구할 수 있다.

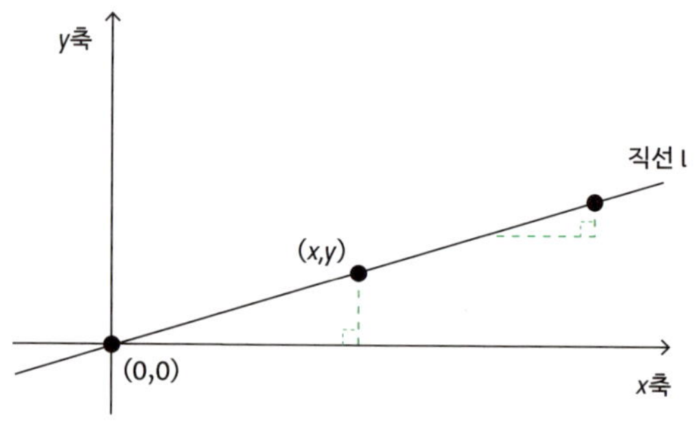

$$\text{삼각형의 닮음에 의해서 } \frac{y}{x}=\text{일정한 값}=m$$
$$\therefore \text{직선 } l \text{의 방정식은 } y=mx$$
$$(\text{상수 } m \text{은 그림 속 직선의 기울기})$$

원과 직선의 방정식을 찾은 데카르트는 몇 시간 동안의 노력 끝에 포물선과 타원 등의 방정식도 찾는 데 성공했다. 갈릴레이와 케플러*가 무척이나 기뻐할 일이다.

이제 공중으로 던져진 물체의 낙하지점이나 행성의 위치를 알고자 할 때, 기하학적 통찰에 기대지 않고 방정식을 계산해서 구해 낼 수 있다. 더 나아가 직관만으로는 알기 어려운 운동(곡선)의 미묘한 성질을 정확하게 계산하고 비교할 수 있을 것이다.

보조선을 활용했던 《원론》의 아름다운 기하학이 사라지지는 않겠지만 많은 부분은 방정식으로 정리될 것이며 새로운 방식

● **케플러** 독일의 천문학자(1571~1630). 화성을 정밀하게 관측한 결과, 화성이 태양 둘레를 타원 형태로 돈다는 것을 발견했다. 행성 운동에 관한 세 가지 법칙인 '케플러 법칙'을 발표했다.

으로 발전할 것이다. 이전에 존재하지 않았던 완전히 새로운 수학이 등장할지도 모른다.

고개를 돌려 천장을 보니 파리가 보이지 않았다. 격자를 돌며 원운동을 하다가 소리 없이 사라진 파리…. 데카르트는 자신이 조금 전까지 환영을 본 것이 아닌지 의심했다.

수 앞에 모든 장소는 평등하다

"우리 짐작이 맞았어요, 소장님."

"짐작이라니?"

"콤프라치코스 말입니다. 그놈들이었어요."

스피노는 아쉽다는 듯 한쪽 주먹을 움켜쥐었다.

"눈 깜짝할 새였습니다. 조금의 여유만 있었더라도 신고했을 텐데…. 놈들의 근거지를 알아내느라 어쩔 수 없었어요."

"그랬었군. 자세히 말해 보게."

스피노는 탁자 위에 놓인 따뜻한 레몬수를 한 모금 마신 후 이야기를 시작했다.

스피노가 그 마차를 집중해 본 이유는 마부의 복장이 수상했기 때문이다. 마부가 자리를 비우자 스피노는 조용히 마차 안으로 숨어들어 내부를 살폈다. 마차의 좌석 뒤쪽에 여유 공간이 있었다. 아이 두 명 이상이 들어갈 수 있을 정도로 커 보였다. 납치용으로 개조한 마차일지도 모른다. 나가서 신고할 일만 남았다는 생각에 서두르던 스피노가 마차에서 나가려는 찰나, 마차 문이 열렸다.

마차가 달리는 내내 스피노는 바닥에 몰래 누운 채로 아이와 말없이 눈을 맞추었다. 한 방향으로 한참을 달린 마차가 멈추고 아이는 다시 남자들 손에 잡혀 어디론가 사라졌다.

주변이 조용해지자 스피노는 마차에서 나왔다. 하얀 건물 하나가 눈에 들어왔다. 주변을 살피려 하는 순간, 건물에서 남자들이 나오는 소리가 들렸다. 어디선가 종소리가 울렸고 마차는 다시 떠날 채비를 했다. 잠시 고민한 스피노는 그들의 행선지를 파악하기로 하고 마차 밑으로 들어가 매달렸다.

"그놈들이 아이를 납치한 마을과 나중에 마차를 타고 간 곳은 전혀 다른 곳이었습니다."

스피노는 마차에 매달리느라 퉁퉁 부은 손가락 관절을 만지며, 출장 갔던 이웃 마을과 또 하나의 작은 마을 이름을 말했다.

"여기까지 용케 잘 돌아왔군."

"사람들에게 물어서 찾아왔죠. 그런데…"

스피노는 잠시 숨을 멈춘 후 말을 이었다.

"그 하얀 건물 말입니다. 납치해 온 아이들을 가둬 둔 공간 같았거든요. 저랑 함께 마차를 타고 간 그 아이도 거기 있을 겁니다. 내가 구해 줄 걸로 믿고 기다리고 있을 텐데…"

"그 장소가 어딘지 알 수 있겠나?"

"마차 안에 누운 상태로 숨어 있었기 때문에 바깥을 볼 수 없었습니다. 하지만…"

스피노는 자신의 왼쪽 손바닥 위쪽을 톡톡 치며 말했다.

"지난번에 소장님이 알려 주신 방법을 썼습니다. 맥박 시계로 시간을 쟀거든요. 마차가 달린 건 삼십 분이었습니다. 마차는 보통 속도로 달렸으니 마차 평균 시속인 9킬로미터를 곱하면 이동 거리는 4.5킬로미터가 됩니다. 그러니까 하얀 건물은 제가 마차를 탄 곳에서 반경 4.5킬로미터 원둘레에 있는 거죠."

"계속 말해 보게."

"마차 밑에서 빠져나온 후 곧바로 마주친 행인에게 물어서 시간을 확인했습니다. 밤 9시 20분이었습니다. 마차가 출발할 때, 교회 종소리가 아홉 번 울렸으니까 저의 두 번째 마차 여행은 총 이십 분 걸린 거죠. 즉, 이동 거리는 3킬로미터입니다.”

데카르트는 스피노의 영특함에 흡족한 동시에, 또 다른 의미에서도 감탄했다. 이십 분을 마차 밑에 붙어서 버티다니⋯. 자기를 기다리는 아이를 생각하고 그 시간을 견뎠을 것이다.

데카르트는 탁자 위에 손바닥 크기보다 조금 큰 도시 지도를 펼치면서 말했다.

“자네가 매달려서 고군분투하고 있을 때 나도 놀고 있지는 않았다네.”

스피노는 고개를 갸우뚱하면서도 흥미로운 표정을 지었다.

“마차가 멈춘 위치는 총 세 지점이야. 두 지점의 위치는 이미 알고 있으니 나머지 위치, 그러니까 하얀 건물이 있는 곳만 알면 되지. 그걸 위해서 우리가 알고 있는 두 위치에 좌표를 붙여 주려고 하네.”

“좌표라구요?”

데카르트는 미소를 지었다.

“이 세상에는 특별히 성스러운 장소도, 특별히 저주스러운 장소도 존재하지 않아. 모든 장소는 물리적으로 평등하지. 그렇다면 위치에 이름을 붙일 수 있지 않겠나? 가장 투명한 존재인 수로써 말일세."

데카르트는 좌표를 통해 도형을 방정식으로 표현하는 원리를 설명했고 총명한 스피노는 그 핵심 아이디어를 이해했다.

"자네가 아이 납치를 목격하고 처음 마차 안에 숨은 장소를 원점(O)으로 놓고 마차 바닥에서 나와 시간을 확인했던 장소를 점(A)로 놓겠네. 지도상에서 둘 사이의 거리는 5킬로미터니까 각각 O(0,0)과 A(5,0)이 되는 거지. 그리고 문제의 장소를 X_1과 X_2라고 하면 이는 그림의 두 원이 만나는 점, 다시 말해서 두 원의 방정식을 동시에 만족하는 값이 된다네."

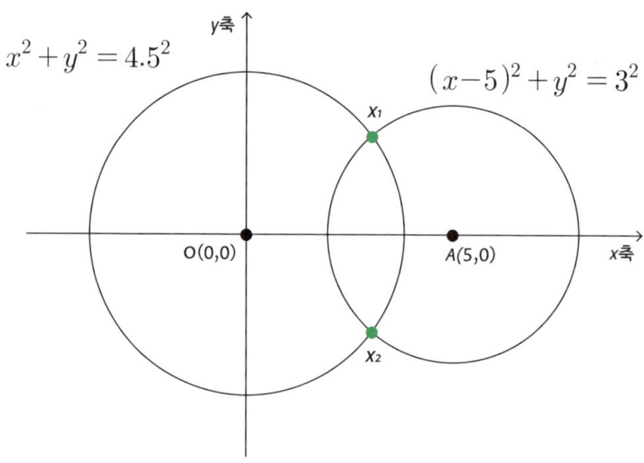

스피노는 대답하는 대신 곧바로 연립방정식을 풀어서 가장 가까운 답을 구했다.

$$\begin{cases} x^2 + y^2 = 4.5^2 \\ (x-5)^2 + y^2 = 3^2 \end{cases}$$

$$x = 3.6, \ y = \pm 2.7$$

"소장님. 그런데 X_1과 X_2 중 어딘지를…"

"해답은 자네가 이미 가지고 있네."

"마차가 출발할 때, 교회 종소리가 들렸으니…"

스피노가 이마를 치며 말했다.

"교회가 있는 곳이겠군요."

영특한 조수였다. 데카르트는 지도의 X_2 지점에 펜으로 표시를 했다.

"좌표가 없이도 원을 그려 대충 위치를 짐작할 수는 있을 걸세. 하지만 좌표를 이용하면 그 위치가 구체적인 수치로 나오는 만큼 훨씬 신속하게 아이들을 구할 수 있겠지."

말을 마친 데카르트가 외투를 입으려고 일어났을 때, 스피노는 이미 사라지고 없었다. 데카르트가 창문을 열자 지도를 쥔 채 달려가는 스피노의 뒷모습이 눈에 들어왔다.

자연의 규칙을 파악하기 위해 발명한 좌표 개념의 첫 임무이자 성과는 하늘의 법칙도 땅의 법칙도 아니었다. 그저 어린 생명의 구원이었다.

문득 천장을 보니 사라졌던 파리가 돌아와서 여유 있게 자리를 지키고 있었다. 데카르트에게 파리는 수로써 공간을 동등하게 만들 수 있음을 가르쳐 준 고귀한 존재였다. 어쩌면 궁극적으로 평등한 것은 수가 아니라 그것을 만들어 내는 생명 그 자체일지도 모른다.

데카르트는 서랍을 열었다. 스웨덴 여왕이 보낸 초대장이 눈에 들어왔다.

"나는 생각한다. 고로 존재한다"라는 선생님의 귀한 말씀을 실천하고자 이 편지를 보냅니다. 사회가 성장하기 위해서는 통치를 담당한 사람부터 솔선수범하여 고민하고 책임지는 모습을 보여야 한다고 생각합니다. 철학자께서 저를 지도해 주신다면 작고 부족하지만 많은 가능성을 가진 우리

의욕 넘치는 젊은 왕의 조언자가 되어 한 사회를 개혁하는 것도 의미 있는 일이 아닐까. 데카르트는 자신이 스웨덴으로 떠나도 스피노라면 이곳에 남아 자신의 자리를 대신할 수 있을 것이라고 믿었다. 어쩌면 뛰어넘을지도….

스피노에게 짧은 편지를 남긴 데카르트는 자신을 기다리고 있는 낯선 세계를 향해 힘차게 발을 내딛었다.

자유로운 사유의 좌표를 찾아서, 데카르트

르네 데카르트는 누구?

데카르트는 17세기 초에 활약한 수학자이자 과학자입니다. 근대철학의 아버지로 불리는 철학자이기도 합니다. 논리와 이성을 중시하고 갈릴레이를 지지하는 사상을 갖고 있었지요. 그 때문에 가톨릭 국가였던 프랑스를 벗어나서 종교적으로 좀 더 자유로웠던 네덜란드에 정착합니다.

그는 네덜란드에 거주하면서 새로운 수학과 과학, 철학 등을 담은 여러 저서를 출판합니다. 그로 인해 유럽 전역에 걸쳐 높은 명성을 얻게 되지요. 그래서 스웨덴 여왕에게 초빙을 받지만, 혹독한 기후와 정치적 견제 속에서 병을 얻어 스웨덴에 온 지 1년 만에 세상을 떠납니다.

수와 도형의 '행복한' 만남, 좌표

데카르트는 좌표를 발명함으로써 수학과 과학의 역사에 매우 크게 기여했습니다. 도형 문제를 방정식 문제로 바꿔서 어려운 증명을 기계적인 계산 과정으로 만들었지요. 반대로 복잡한 연립방정식 문제를 도형의 문제로 바꿔서 문제에 대한 시각적(직관적)인 해석을 얻게 해 주었고요.

이와 같은 이유로 수학의 역사에서는 좌표의 발명을 대수학과 기하학이라는 두 세계의 '행복한 만남(happy meeting)'이라고 부릅니다. 수학에서 사용되는 기본 도형이자 가장 중요한 도형인 직선은 좌표를 통해 1차 방정식으로 표현됩니다. 또한 원은 2차 방정식으로 표현되고요. 이외에도 수많은 도형을 다양한 방정식으로 표현할 수 있습니다.

교과 연계	학년	학기	단원명
	중1	1학기	좌표 평면과 그래프
	고1	2학기(공통수학2)	도형의 방정식

탐정 페르마

살인범의 자백을 받아라

판사가 된 페르마,
아내를 살해한
범인의 가면을
벗기다!

#확률
#조건부_확률

“다시 묻겠습니다. 피고인은 부인을 해쳤나요?”

“아닙니다.”

남성이 낮은 목소리로 대답했다.

“그럼 부인을 살해한 사람이 누구라고 생각하십니까?”

“…”

“여러 이웃의 증언에 따르면 피해자의 사망 시간 전후로 피해자의 집에 드나든 사람은 피고인과 피해자, 즉 피고인의 부인 말고는 아무도 없었습니다.”

검사는 배심원석으로 고개를 돌리며 말을 이었다.

“피고인은 평소에 부인에게 자주 폭력을 가했고요.”

검사는 피해자의 시신이 그려진 그림을 펼쳤다. 그림의 여기저기에 의사가 표시한 붉은 자국들이 보였다. 폭행 흔적이었다.

"제 아내는…"

피고인석의 남자가 천천히 말했다.

"자해했습니다."

"자해?"

남자는 고개를 끄덕였다.

"일이 잘 안 풀리면 히스테리를 부리면서 자기 몸을 때리곤 했는데 시작하면 말릴 수가 없었다니까요."

"스트레스를 받으면 자해하는 여성은 꽤 많습니다. 이건 사고입니다."

변호인은 자신의 옆에 앉아 있는 피고인의 어깨에 손을 얹으며 말을 이었다.

"피고인이 부인에게 스트레스를 준 건 사실입니다. 하지만 폭행은 부인 스스로가 한 것인 만큼 살인죄는 부당하다는 것이 피고인의 일관된 입장입니다."

배심원석에서 웅성거리는 소리가 났다.

"조용히들 하시오."

법복을 입고 판사석에 앉아 있는 온화한 얼굴의 남성이 배심원석 방향을 바라보며 말했다.

자살인가, 타살인가

애초에 이 재판의 담당 판사는 다른 사람이었지만 그는 공판이 시작되자마자 유행병에 걸려 갑자기 세상을 떠나고 말았다. 그래서 재판소 행정을 주로 담당하던 참사관인 페르마가 이번 재판을 맡게 되었다.

페르마는 공직을 시작한 시절부터 꼼꼼한 행정 처리와 탁월한 판단력으로 지역에서 일찌감치 이름을 날렸다. 그러나 형사 재판을 진행하는 것은 이번이 처음이었다.

페르마가 엄숙한 표정으로 말했다.

"피고인에게 묻겠습니다. 사건 발생 시간에 피고인 말고는 부인 곁에 있던 사람이 없었다는 사실에 동의하시나요?"

"예."

남자는 무표정한 얼굴로 대답했다.

"피고인이 부인에게 평소 폭력을 행사했다는 사실에도 동의하시나요?"

"욕설을 몇 번 한 적 있습니다. 그것도 폭력이라면 동의하지요."

검사가 손을 들었다.

"피해자가 사망한 날을 포함해서 폭행이 주기적으로 있었다는 이웃들의 증언이 있습니다."

변호인이 곧바로 반박했다.

"이런 이야기는 하지 않으려고 했지만 어쩔 수 없군요. 피고인의 부인이 밤늦게 남자들을 만나고 돌아오는 일이 잦았습니다. 말다툼과 몸싸움이 몇 번 있었고 그걸 들은 이웃들이 있는 거죠. 본인의 부인이 알지도 못하는 남성을 만나고 늦게 귀가하는 날이 잦다면 여기 계신 분들은 아무렇지 않게 웃으며 '오늘도 좀 늦었네?' 하고 말겠습니까?"

배심원석이 다시 술렁거렸다. 남자의 얼굴에 알 수 없는 미소가 스쳤다.

검사가 자리에서 일어났다.

"피해자는 어쩔 수 없이 일해야 했습니다. 낮에는 밭에서 일하고 저녁에는 정육점에서 고기를 배달하는 일을 했지요. 물건을 주고받는 과정에서 당연히 남성들과 대화를 할 수밖에 없었던 겁니다."

페르마는 시뻘건 고깃덩어리를 품에 안고 어두운 밤길을 재촉하는 여성의 그림자를 머릿속에 그려 보았다.

"피해자가 밤낮으로 일해야 했던 건 피고인이 생계를 전혀 책임지지 않고 오히려 부인에게 끊임없이 돈을 요구했기 때문에 벌어진 일입니다."

"피고인은 최근에 일자리를 구했으며 일을 시작할 참이었습니다."

피고인석의 남자는 진지한 표정으로 고개를 끄덕였다. 페르마가 질문을 이어 갔다.

"피해자가 자해한 적이 있다고 했죠? 그게 언제인가요?"

"뭐… 꽤 많아요. 수시로 자기 몸을 때렸으니까요. 아까도 말씀드렸지만 한번 폭발하면 말릴 수가 없을 정도였죠. 진작에 의사에게 이야기했어야 하는 건데…."

"우리 피고인은 이 부분에 대해 깊은 책임을 통감하고 있습니다."

"피해자가 수시로 자해했다는 건 피고인의 일방적인 주장입니다. 또한 설사 피해자가 자해한 사실이 존재한다고 해도 이번 사건이 자해의 결과라는 증거가 되지는 않습니다."

"증거가 없기는 원고 쪽도 마찬가지 아닌가요?"

상대방을 노려보는 검사와 변호인의 눈에 불꽃이 튀었다.

"오늘 변론은 이걸로 마칩니다. 다음 공판일은…"

페르마는 자리에서 일어섰다. 배심원석에 앉아 있는 사람들의 표정은 그들의 얼굴 형태만큼이나 다양했다.

편지로 수학하기

깃털 펜이 종이를 긁는 소리가 조용한 방 안을 가득 채웠다. 한참이 지나서야 페르마는 펜을 놓았다. 기록을 시작한 지 거의 한 시간이 다 된 시점이었다. 그는 종이를 들어 자신의 기록을 잠시 바라보았다.

첫 공판부터 현재 상황까지 검사와 변호인이 주장한 논점이 정리되어 있었다. 남자가 범인인 것은 분명해 보였다. 하지만….

페르마는 피고인석에 앉아 있던 남자의 차분한 눈빛을 떠올렸다.

페르마가 공직을 시작하고 얼마 지나지 않아 끔찍한 재앙이 나라 전체를 휩쓸었다. 흑사병. 검은 죽음 또는 끔찍한 죽음이라는 뜻의 이름 그대로 세상을 휩쓸며 수많은 사람을 죽음으로 몰고 간 병이었다.

그런데 이 병이 페르마에게는 행운의 부적처럼 작용했다. 선임 참사관들이 흑사병으로 하나둘 사망하면서 페르마에게 눈부신 진급의 기회가 계속 주어진 것이다. 물론 페르마에게는 뛰어난 행정 능력이 있었지만 아무리 성실하고 똑똑하다고 해도 보통 수십 년 걸리는 진급을 불과 몇 년 만에 달성하는 건 거의 불가능한 일이다.

어떤 이에게는 죽음을, 또 다른 누군가에게는 출세를. 이건 불공평한 게임이 아닌가. 페르마가 자연의 절대적이고 궁극적인 법칙을 추구하는 수학에 관심을 가지고 틈틈이 연구하는 것도 어쩌면 그래서인지도 몰랐다. 우연 속에 도사리고 있을 필연을 찾아내기 위해서.

사망자가 끊임없이 늘어나고 있었기 때문에 법원이 처리할 일은 계속 줄어들었다. 이에 따라 참사관 페르마의 여유 시간은 계속 늘어 갔고 그의 수학적 발견도 하나둘 쌓여 갔다.

그는 특히 자연수에 관심이 많았다. 자연수의 직관적이고 매력적인 성질이 자연이 품고 있는 필연의 상징으로 느껴졌기 때문이다.

또한 페르마에게는 특이한 취미가 있었다. 자신의 수학적 발견을 유명 수학자들에게 편지로 알려 주며 도전욕을 자극하는 것이었다. 과정을 생략한 채 편지를 쓰다 보니 수학자들의 호기심을 끌었는데 예를 들면 이런 식이었다.

처음엔 법원 행정가일 뿐인 페르마를 우습게 보던 수학자들도 나중에는 페르마의 뛰어난 직관과 독창적인 증명을 어쩔 수 없이 인정하기에 이르렀다. 페르마가 수학자들과 편지를 주고받는 것은 흑사병이라는 우연한 재앙의 한가운데서 필연의 삶을 추구하려는 그만의 방식이었다.

가능성을 계산할 수 있을까?

페르마가 확률에 관심을 가진 이유도 파스칼●이라는 유명 수학자에게서 온 편지 때문이었다. 파스칼은 어느 도박꾼에게 "도박 게임이 중간에 멈춰진다면 판돈을 어떻게 나눠야 공정할까?"라는 질문을 받았고, 이에 대해 페르마의 의견을 구했다.

페르마는 파스칼의 편지를 들여다보며 어린 시절 친구와 주사위 놀이를 하면서 가졌던 의문을 떠올렸다. 주사위 두 개를 여러 번 던지면 그 합이 9가 나오는 경우가 10보다 '미묘하게' 많다. 과연 그 미묘함이란 어느 정도일까? 주사위에 작용하는 변수는 셀 수 없이 많으니 그냥 우연으로 여겨야 하나?

페르마는 가능성을 수로 나타내 보기로 했다. 가능성 그 자체를 계산할 수 있다면… 이는 우연의 영역을 다룰 수 있는 새로

● **파스칼** 프랑스의 사상가·수학자·물리학자(1623~1662). '원뿔 곡선론', '확률론' 등을 발표했다.

운 수학이 될 것이다. 페르마는 그것을 확률(probability)이라고
불렀다.

주사위를 예로 들면, 주사위 2개(A, B)를 던질 때 나타날 수
있는 경우는 모두 서른여섯 가지다.

B\A	1	2	3	4	5	6
1	(1,1)	(2,1)	(3,1)	(4,1)	(5,1)	(6,1)
2	(1,2)	(2,2)	(3,2)	(4,2)	(5,2)	(6,2)
3	(1,3)	(2,3)	(3,3)	(4,3)	(5,3)	(6,3)
4	(1,4)	(2,4)	(3,4)	(4,4)	(5,4)	(6,4)
5	(1,5)	(2,5)	(3,5)	(4,5)	(5,5)	(6,5)
6	(1,6)	(2,6)	(3,6)	(4,6)	(5,6)	(6,6)

총 서른여섯 가지 경우 중, 합이 9인 경우는 (3,6), (4,5), (5,4),
(6,3)의 네 가지이므로, 36분의 4의 가능성(확률), 합이 10인 경
우는 (4,6), (5,5), (6,4)의 세 가지이므로 36분의 3의 가능성(확
률)이다. 요컨대 9인 경우가 10인 경우보다 36분의 1만큼 가능
성(확률)이 크다는 결론이다. 이는 도박판에서 확률이 조금이라
도 큰 쪽이 결국에는 돈을 따게 되는 이유이기도 하다. 우연의
합리적 계산!

만약 동전(C)과 주사위 1개(A)를 동시에 던져서 앞면과 5가

나올 확률을 같은 방식으로 계산해 보면 전체 열두 가지 중 한 가지이므로 확률은 12분의 1이다. 즉 주사위 2개를 던져서 합이 10이 되는 경우(36분의 3)와 정확히 같다.

C\A	1	2	3	4	5	6
앞	(앞,1)	(앞,2)	(앞,3)	(앞,4)	(앞,5)	(앞,6)
뒤	(뒤,1)	(뒤,2)	(뒤,3)	(뒤,4)	(뒤,5)	(뒤,6)

결국 확률 계산을 통해서 가능성의 크기를 구할 수 있으며 서로 다른 상황의 가능성을 비교할 수 있다는 뜻이다. 그 핵심에는 확률의 기본 공식이 있다. 그것은 다음과 같이 표현된다.

$$X\text{가 일어날 확률} = \frac{X\text{가 일어나는 경우의 수}}{\text{가능한 모든 경우의 수}}$$

하지만 이걸로 충분할까? 생각해 보면 가능성은 미래와 과거에 모두 적용될 수 있는 단어다. 친구가 날 '속일' 가능성과 친구가 날 '속였을' 가능성. 아직 오지 않은 미래에 대해 계산한 확률을 이미 지나간 과거에 사용할 수는 없을까?

확률 대 확률

변호인의 자신만만한 목소리가 법정 안을 가득 채웠다.

"툴루즈 전체 지역에서 수집한 자료에 따르면 지난 5년 동안 남편에게 폭언이나 폭행을 당한 적이 있는 여성은 모두 1만 명입니다. 자, 그렇다면 이 1만 명 중 남편에게 살해당한 여성이 몇 명이나 될 것 같습니까?"

배심원단 모두의 얼굴에 일순 호기심이 떠올랐다. 심지어 검사도 눈을 크게 뜨고 변호인의 입을 바라보았다. 변호인은 종이를 깃발처럼 펄럭거리며 큰 소리로 말했다.

"4명입니다. 4명!"

여기저기서 탄성이 나왔다.

"거꾸로 말하면 9,996명은 남편에게 살해당하지 않은 거죠."

변호인의 예상치 못한 공격에 검사는 당황한 표정이 역력했다.

"…계속하겠습니다. 이번에는 자해에 관련된 자료인데요."

변호인은 싱긋 웃으며 말을 이었다.

"역시 같은 지역의 자료입니다. 지난 5년간 자해로 신고된

500명 중에서 자살을 시도했거나 실제 자살로 이어진 경우는…"

모두가 변호인의 입을 바라보았다. 법정이 마치 의학 논문 발표장이라도 된 듯한 분위기였다.

"모두 350명입니다."

숨소리 말고는 어떤 소리도 들리지 않았다. 변호인이 엄숙한 목소리로 마무리 발언을 했다.

"피해자에게 일부 폭언과 사소한 폭행이 있었던 건 사실입니다. 피해자는 자해했고, 그리고… 사망했습니다. 과연 사망의 직접적인 원인은 무엇일까요? 배심원단 여러분께서 주관적 감정이 아닌, 법정에서 제시된 자료를 근거로 냉정하게 판단해 주시리라 생각합니다."

말을 마친 변호인은 판사 페르마에게 자료를 제출했다.

피해자 사망 당시 집에는 피해자와 피고인 두 사람 말고는 없었다. 직접 살인한 증거가 없으므로 피고인이 유죄인지 무죄인지는 가능성의 크기에 달려 있었다. 변호인은 피해자 사망의 결정적인 근거가 될 수 있는 피고인의 폭행을 배심원단의 심증에서 지우기 위해 확률을 성공적으로 사용했다. 이제 남은 건 배심원 평결뿐이다.

변호인이 늠름하게 자리로 돌아가는 모습을 보던 판사는 법원 직원을 불러 뭔가를 지시했다.

몇 분 후 직원이 얇은 책자를 가져와 페르마에게 전달했다. 책을 열고 뭔가를 끄적인 페르마가 입을 열었다.

"변호인이 제출한 자료는 본 사건의 증거로 채택하기에 심각한 결함이 있는 관계로 증거에서 배제되었음을 알려드립니다."

그러자 변호인이 법정이 울릴 정도로 큰 소리로 말했다.

"법원 당국에서 받은 공식 자료입니다. 결함이라니. 무슨 근거로…."

"계산이 잘못되었기 때문입니다."

페르마는 낮은 목소리로 또박또박 말했다.

"변호인이 제시한 가능성… 편의상 확률이라고 하겠습니다. 확률은 남편에게 폭행을 당한 여성이 남편에게 살해당할 확률입니다. 그렇죠?"

피고인은 맹수 같은 표정으로 판사를 노려보았다.

"하지만 지금 상황은 좀 다릅니다. 지금 이 자리에서 의미 있는 확률은 남편에게 폭행당하다가 사망한 여성의 사망 원인이 남편의 폭행이었을 확률입니다."

변호인의 입가에서 비웃음이 새어 나왔다.

"말장난하지 마십시오, 판사님. 그게 뭐가 다르나요?"

"전제가 다르지요. 변호인은 피해자의 사망을 변수에 넣지 않았습니다."

법원 직원 두 사람이 커다란 칠판을 가져와 모두가 볼 수 있게 설치했다.

"어떤 사건이 일어날 확률이란 모든 경우의 수 중에서 해당 사건의 경우의 수가 얼마만큼을 차지하느냐의 비율입니다."

말을 마친 페르마는 자리에서 일어나서 칠판에 큰 글씨로 확률을 기록했다.

$$\frac{\text{남편에게 살해당한 경우의 수}}{\text{남편에게 폭행당한 경우의 수}} = \frac{4}{10{,}000}$$

"변호인이 제출한 이 확률은 남편에게 폭행당하는 부인이 남편에게 살해당할 가능성입니다. 미래 예측에 관한 확률이지요."

"…"

"하지만 본 사건은 남편에게 폭행당하다가 사망한 부인의 살인범이 남편일 확률에 관한 것입니다. 이는 과거 원인에 관한 확률이며 수학적으로 완전히 다른 가능성이죠. 이 경우에는 전체 경우의 수를 이미 일어난 아내의 사망까지로 좁혀야 하며 이 조건부 확률•은 다음과 같이 계산됩니다."

$$\frac{\text{남편이 범인인 경우의 수}}{\text{남편에게 폭행당하다가 사망한 경우의 수}} = \frac{40}{45}$$

배심원단 쪽에서 아까보다 큰 탄성이 나왔다.

"수치는 조금 전에 법원 직원을 통해 제가 직접 확인한 별도의 통계 자료에 근거합니다."

판사석으로 돌아간 페르마 판사가 자료를 배심원단 쪽으로 넘겼다.

"자해는요?"

남자가 피고인석에서 벌떡 일어섰다.

● **조건부 확률** 일반 확률(미래 예측)과 구분되는 조건부 확률(과거 분석)이다. 이 개념은 페르마 시대에 존재하지 않았으나 이 장의 이야기에서는 페르마의 입을 빌려 소개한다.

"자해 말입니다. 제 아내가 자해했다고요. 그건 고려하지 않나요?"

멍하니 앉아 있던 변호인이 정신 차린 듯 말했다.

"맞습니다. 자해 확률을 배제한 근거는 뭡니까?"

"그건 제가 말씀드리죠."

페르마에게 선수를 빼앗긴 검사가 헛기침하며 일어섰다.

"피해자의 몸에 있던 멍은 복부와 허벅지 그리고 등, 모두 세 곳이었는데요. 의사의 검시 기록에 따르면 멍 자국은 모두 동일한 형태였습니다."

검사는 흥분한 얼굴로 자신을 노려보는 남자의 눈을 정면으로 쳐다보며 말했다.

"세상에 자기 등을 때리는 자해도 있나요?"

"…."

"이상입니다."

배심원단이 평결에 들어가기 직전, 남자는 자신의 죄를 자백했다.

'모든'을 넘어서

가능성의 수학인 확률의 핵심은 '모든'의 범위를 적절히 제한하는 것입니다. 결국 구하고자 하는 가능성의 성격이 무엇인가에 대한 판단이 중요하지요.

또한 같은 확률을 구하더라도 상황에 따라 다른 값이 나올 수 있습니다. 남녀가 지금보다 평등한 사회였다면 제가 찾은 자료의 내용은 전혀 달랐을 것이기 때문이지요. 확률 이론이 기존의 수학과 크게 다른 부분입니다. 확률은 고정되어 있지 않고 시공간의 변화에 따라 계속 변하니까요.

이번 재판은 제게 확률의 효용과 위험성을 동시에 알게 해준 의미 있는 경험이었습니다. 확률은 불확실성을 전제하는 개념이지만 오히려 그 때문에 현실의 많은 곳에서 다양한 방식으로 응용될 것이며 계속 발전할 것입니다. 확률 개념이 수학과 과학의 기존 영역에 성공적으로 연결된다면 필연과 우연이 뒤얽혀 일어나는 자연 변화의 예측과 분석에 새로운 한 줄기 빛이 될 것입니다.

페르마는 파스칼이 조언을 구했던 도박 문제에 대한 자신의
해답을 정성스럽게 써 내려갔다. 그리고 편지 끄트머리에 다음
과 같이 기록했다.

어떤 가능성이 또 하나의 가능성에게 보냄

천재들을 자극한 수학 편지, 페르마

피에르 드 페르마는 누구?

페르마는 17세기에 프랑스의 툴루즈 지역에서 활동했던 법조인이자 수학자입니다. 아마추어 수학자였음에도 뛰어난 업적으로 전문 수학자들 사이에 이름이 널리 알려져 있었으며 그들과 편지를 자주 주고받았습니다. 당시 편지는 학술 연구의 중요한 수단이었지요.

그는 정수론 분야의 '페르마의 마지막 정리'로 유명합니다. n이 3이상의 정수일 때, $a^n+b^n=c^n$를 만족하는 양의 정수 a, b, c가 존재하지 않는다는 정리이지요. 역사상 수많은 수학자들이 이를 증명하기 위해 노력했지만 실패했고, 358년이 지나서야 영국의 수학자 앤드루

와일스가 증명에 성공했습니다.

확률과 조건부 확률

페르마는 동시대의 수학자였던 파스칼과 편지를 주고받으며 확률 분야에도 중요한 업적을 남겼습니다.

확률 이론이 도박에서 비롯되었기 때문에, 지금도 확률 문제의 예시로 주사위나 동전이 자주 등장하곤 합니다. 앞서 이야기에 제시된 확률의 정의는 사실상 두 사람이 협력하여 만든 이론이라고 말할 수 있습니다.

특히 이야기 속 재판에서 중요한 역할을 한 과거 분석 확률은 조건부 확률이라고도 부르는데요. 이미 일어난 사건(정보)을 바탕으로 과거 원인을 추적하는 확률이므로 현재 시점에서 얻은 정보량에 따라 계속 달라지고 더 정교해질 수 있습니다. 예를 들어 개인이 병원에서 받은 검사 수치에 따라 특정 질병에 걸렸을 확률을 계산할 때 바로 조건부 확률 개념이 사용되지요. 이 개념은 페르마가 죽은 뒤 베이즈라는 영국의 수학자에 의해 공식화됩니다.

교과 연계	학년	학기	단원명
	중2	2학기	경우의 수와 확률
	고2	선택(확률과 통계)	조건부 확률

탐정 가우스

전염병의 확산을 막아라

사람들의 생명을
앗아가는 전염병,
더 이상의 희생을
막기 위해
가우스가 원인을
찾기 시작하다!

#오차 #평균
#정규분포

들것에 실려 오는 사람들이 하루가 다르게 늘어나고 있었다. 병은 어린아이와 노인, 여성과 남성, 지역 유지와 떠돌이 장사꾼을 가리지 않았다. 열 사람이 병원에 실려 들어오면 살아서 나가는 건 한두 명뿐이었다. 반복되는 구토와 설사, 탈수에서 사망까지. 위생 상태가 좋지 않은 병원은 그야말로 지옥과 같았다.

오래전에 사라진 흑사병과는 확실히 증세가 달랐지만 그렇다고 이 병이 흑사병보다 덜 무서운 병이라고 볼 수는 없었다. 병은 사람을 가리지 않는다. 도시는 공포에 휩싸여 갔다.

지구는 평평한 종이 위가 아니다

도형을 그리는 가우스 교수의 손에 힘이 없었다. 학생들의 표정도 어두워 보였다. 열 명이 채 안 되는 학생들이라 한 명이 빠져도 빈자리가 크게 느껴졌다. 오늘 결석한 토비아스는 그동안 수업에 빠지기는커녕 지각한 적도 없었기 때문에 더 걱정되었다. 가우스는 호흡을 가다듬었다.

"내가 측정한 결과에 따르면 독일에 있는 3개의 산봉우리인 브로켄(B), 호헨하겐(H), 인젤베르크(I)를 세 꼭짓점으로 하는 거대 삼각형의 내각의 합은 180도가 아닙니다."

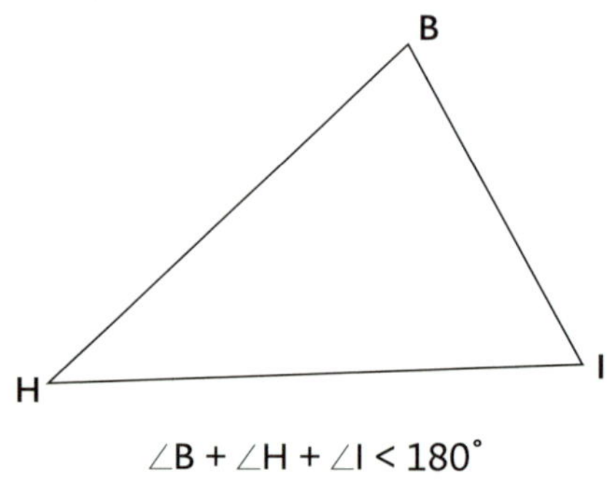

이미 기하학의 이론적 기초를 학습한 학생들이라 그런지 얼굴에 놀라움보다는 흥미로움이 잔잔하게 올라왔다. 가우스는 평평한 종이 위에서 자와 컴퍼스로 도형을 그리는 유클리드의 기하학에 대해 항상 의문이 있었다. 세상이 평평하다는 보장이 어디 있는가. 지구처럼 둥근 곳에서는 기하학의 규칙도 좀 달라지지 않을까?

"거대 삼각형의 내각의 합이 180도가 아니라는 사실은 지구 표면의 기하학적 성질이 우리의 직관과 다르다는 사실을 증명해 주는 거죠. 넓디넓은 우주 공간에는 지구인들이 상상하기 힘든 방식으로 뒤틀려 있는 공간이 존재할 수 있습니다. 그렇다면 그 경우에 삼각형의 내각의 합은 공간이 뒤틀린 정도에 따라 제각기 다르게 나타날 겁니다."

"삼각형이 존재하지 않는 공간도 있을 수 있나요, 교수님?"

가우스는 앞자리에 앉아 있는 금발의 학생을 향해 미소를 지었다.

"논리적으로는 가능할 겁니다. 삼각형이 존재할 수 없다는 것이 어떤 의미를 갖는지도 함께 고민해 보는 게 좋겠군요, 루카 군."

루카는 가우스의 말을 들으며 노트에 뭔가를 기록했다.

"기하학을 통해서 알 수 있는 사실은 자연이 잘 포장된 평탄한 도로가 아니라 기괴하고 울퉁불퉁한 산길 같은 곳이라는 진실입니다. 그러니 보이는 그대로, 즉 직관에 속으면 안 됩니다. 직관은 인간에게 통찰을 주지만 그만큼 거짓을 주기도 하니까요. 우리가 궁극적으로 믿을 수 있는 건 직관이 아니라 논리이고, 도형이 아니라 수입니다."

자연에는 질서와 조화가 존재하나 그것이 인간에게 편안하거나 친절한 모습이라는 보장은 없다. 밤하늘을 올려다보며 우주의 조화로운 운행을 찬양하던 고대인들의 꿈은 그야말로 꿈일 뿐이다.

뒷자리에서 말없이 수업을 듣던 발터가 손을 들고 말했다.

"교수님. 측정 과정에서 발생하는 오차는 어떻게 해야 하나요?"

"좋은 질문입니다."

가우스가 차분하게 말했다.

"일반적으로 측정에는 우연적 요인으로 발생한 측정 오차가 실제 값과 뒤섞여 있습니다. 흥미로운 것은 우리 인간도 자연물이라서 인간이 만들어 내는 측정 오차 또한 일정한 규칙 내에서 발생한다는 사실입니다. 그리고 우리는 그 규칙을 계산해 낼 수 있습니다.”

학생들의 눈에는 이미 호기심의 불이 들어와 있었다. 딱딱한 기하학을 공부할 때와는 다른 표정이었다. 오차 이론은 흥미로운 주제지만 공부하기에 결코 만만한 내용이 아니다. 분필을 만지작거리던 가우스는 결심한 듯 말했다.

“오차 분포를 연구함으로써 우리는 우연 속에 존재하는 필연을 계산해 낼 수 있습니다.”

요사이 사람들은 아예 집 밖으로 나가려 하지 않았다. 다른 사람이나 물건과 접촉하지 않고 집 안에 숨어 있으면 병에 걸릴 가능성이 그만큼 줄어들까?

병원에 실려 오는 사람들이 이전보다 줄어드는 것처럼 보였지만 발병률이 떨어지지는 않았다. 병원에 실려 와서 사망하는 사람은 여전히 많았다. 문제는 아무도 그 원인을 알지 못한다는 사실이었다. 의료 전문가와 공무원은 어느 시점부터 조사를 포기하고 손을 놓아버렸다. 재앙이 저절로 진정되기를 기다리는 것 말고는 대책이 없어 보였다.

장례식장에서 다시 강의실로

가족과 친척 그리고 몇 명의 친구만이 참석한 소박한 장례식이었다. 자신의 차례가 되자 정장 차림에 검은 중절모를 쓴 가우스가 앞으로 걸어 나왔다. 나이 든 여인의 눈길이 가우스의 얼굴에 머물렀다. 아들을 잃은 어머니였다.

"토비아스 군은…"

가우스는 제자와 둘이서 밤하늘을 보며 최소제곱법*을 계산하던 아름다운 기억을 떠올렸다. 하지만 대낮의 하늘은 지상의 잔혹한 현실을 외면하는 듯 티 없이 맑았다.

호흡을 가다듬은 가우스가 말을 이었다.

"성숙한 젊은이였습니다."

노부인의 눈에서 굵은 눈물이 흘러나왔다. 짧은 추도사를 마친 가우스는 모자를 벗어들고 관 속 제자에게 목례를 한 뒤, 자리로 돌아왔다.

가우스는 자연의 언어를 탐구하는 과학자라는 자신의 역할이 이렇게 무력하게 느껴진 적이 없었다. 병은 의사의 영역이다. 하지만 과연 그럴까. 수학이 이런 비극적인 현실에 조금의 도움도 주지 못한다면 그건 학문이라고 할 수 없지 않을까? 눈을 감은 가우스의 얼굴이 굳어졌다.

강의실로 돌아온 가우스는 석판에 육각형들이 쌓인 탑 모양의 그림을 정성스럽게 그렸다.

"위쪽에서 아래쪽으로 작은 공을 내려보낸다고 생각해 봅시다. 육각형의 모서리에 부딪힌 공이 왼쪽 아래와 오른쪽 아래의 두 방향으로 떨어질 가능성을 5 : 5라고 가정하는 거죠."

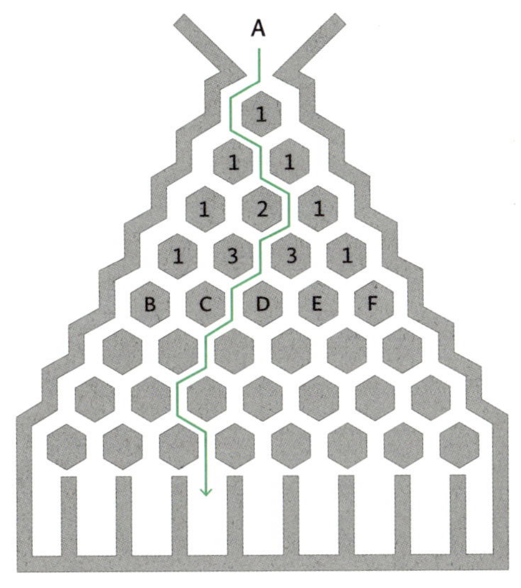

육각형 안 기호	의미
숫자	그 지점까지 도달하는 경로의 수
알파벳	지점의 이름

가우스는 수업하는 내내 학생들 하나하나와 눈을 마주쳤다. 이런 상황에서도 자신의 수업을 들으러 강의에 출석하는 학생들이 놀랍고 고마웠기 때문이다.

"자, 이제 충분히 많은 공들이 아래로 우수수 떨어진다면 바닥에 어떻게 쌓일까 생각해 보도록 하죠."

학생들이 노트에 그린 육각형 안에 숫자를 쓰기 시작했다.

루카는 아직 오지 않고 있었다. 루카의 자리가 맨 앞줄 중앙이어서 빈자리가 크게 느껴졌지만 아무도 그쪽으로 눈길을 주지 못했다.

한참이 지난 후에 한스가 손을 들었다.

"가운데 쪽에 공이 많이 들어가고 양쪽 가장자리로 갈수록 줄어듭니다."

대부분 학생이 고개를 끄덕거렸다. 뒷줄 중앙에 앉은 학생은

한스의 말을 듣고 비로소 가우스가 던진 질문의 의미를 이해한
표정을 지었다. 가우스는 과장된 표정으로 두 손을 들며 말했다.

"맞습니다. 아주 좋아요. 그래. 한스 군이 나와서 친구들이 잘
알 수 있게 곡선 형태로 그려 볼 수 있겠어요?"

한스는 쑥스러워하면서도 석판 앞으로 나와서 한참 동안 동
그라미를 그리더니 그 위쪽 가장자리로 과감하게 곡선을 그려
넣었다.

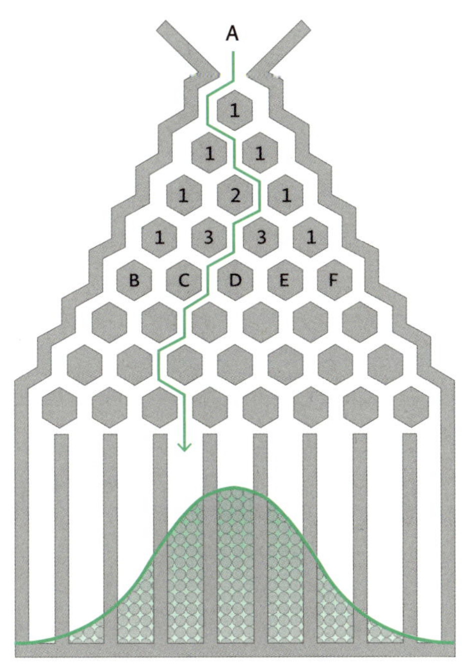

　그림을 바라보던 학생들이 탄성을 지를 때 문이 열리며 루카가 뛰어들어 왔다. 한 손에 가방과 모자를 든 채였다.

　“너무 늦은 건 아니겠죠?”

　루카가 자리에 앉자 강의실이 금세 활기를 되찾았다.

　“좀 늦긴 했지만 아주 늦은 건 아닙니다.”

　가우스는 반가운 지각생을 환영한 뒤, 수업으로 돌아갔다.

　“그림이 아주 좋군요.”

　가우스는 한스가 마지막에 그린 곡선만 남겨 두고 나머지 부분을 석판에서 조금씩 지워 갔다.

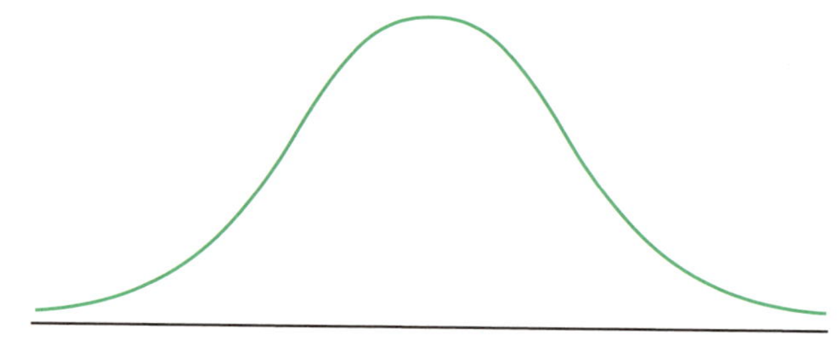

‘우연’을 그래프로 그린다면

　”어떤 문제의 정답은 새로운 문제의 시작인 경우가 많습니다.”

뭔가가 본격적으로 시작되고 있었다. 가우스는 곡선의 끄트머리 부분을 분필로 짚으며 말했다.

"공이 갈림길에서 계속 하나의 방향으로만 떨어져야 이 끄트머리 쪽으로 갈 수 있습니다. 반대로 중간 쪽으로 갈 수 있는 길은 아주 많아서 그 가능성의 개수만큼 공이 모이는 거죠. 요컨대 양 끝으로 갈수록 우연성의 정도가 약해지고 반대로 중앙으로 올수록 그 정도가 크다고 말할 수 있습니다. 수많은 우연이 서로 영향을 주어 평균에 이르는 거죠."

학생들이 다 같이 고개를 끄덕였다. 가우스는 잠시 뜸을 들인 후에 말했다.

"지난 시간에 우리는 측정 오차에 관한 이야기를 했습니다."

루카가 말했다.

"오차의 발생 정도가 우연의 발생 정도이고 그것이 곡선의 형태로 나타난다는 말씀인가요?"

"바로 그겁니다."

가우스는 활짝 웃으며 석판 앞으로 다가갔다.

"오차는 거의 모든 곳에서 발생합니다. 우리가 이 곡선을 정확히 구할 수 있다면 오차의 일반적인 규칙, 우연의 법칙을 알 수 있게 되는 거지요.”

말을 마친 가우스는 학생들이 이해할 수 있는 언어를 통해 곡선 구하기를 꼼꼼하게 전개해 나갔다. 지난 학기에 미적분학*을 깊이 있게 공부한 학생들이라 내용 이해에 큰 어려움은 없었다. 식이 전개되는 중간중간에 한숨이 강의실을 메웠다. 가우스가 너무나 당연하고 기본적인 조건을 가지고 특별한 식을 만들어 냈기 때문이다. 인간 이성에 대한 경이와 존중의 한숨이었다.

증명이 시작된 지 한 시간 정도가 지나자 곡선이 서서히 정체를 드러내었다.

“곡선의 형태는 평균 m과 표준편차(평균에서 떨어진 정도) σ가 결정하며 그 구체적인 모습은 다음과 같습니다.”

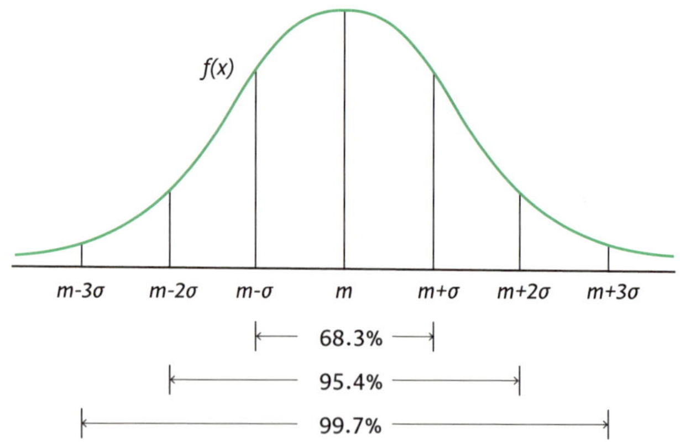

"평균 주변에 많이 몰려 있고 좌우 대칭이며 평균에서 멀어질수록(σ가 클수록) 일어날 가능성이 낮은… 이런 현상은 많은 곳에서 나타납니다. 예를 들어 동전을 1,000회 던져서 앞면이 나오는 경우를 생각해 보면 평균인 500회를 중심축으로 양쪽으로 조금씩 가라앉는 대칭 그래프가 됩니다. 1,000회 모두 앞면이 나오거나 반대로 뒷면이 나오는 일은 거의 발생하지 않겠죠."

한스가 가우스의 말을 받았다.

"여러 개의 문제 중에 아무렇게나 찍어서 정답을 맞히는 개수의 경우도 생각할 수 있습니다. 화살을 대충 쏴서 과녁의 중앙을 맞히는 빈도도 마찬가지겠죠. 또 있을 거 같은데…."

"질병의 발생 빈도?"

무심코 말을 보탠 학생은 깜짝 놀라 자신의 입을 손으로 막았다.

"맞아요. 자연 상태에서 질병에 걸리는 사람의 수 또한 평균값 주변에 많이 모여 있을 것이고, 절대로 안 걸리거나 반드시

● **미적분학** 고등학교 2학년 때부터 본격적으로 배우게 되는 수학 개념이다. 간단히 말해 미분은 순간의 변화(속도), 적분은 누적된 양(넓이)을 구하는 것이다.

걸릴 가능성은 매우 낮을 테니까요."

가우스는 변함없는 목소리로 석판의 그림을 가리키며 말을 이었다.

"이처럼 많은 자연현상과 사회현상을 수치적으로 분석해 줄 수 있는 이것을 우리는 정규분포(normal distribution) 곡선이라고 부릅니다."

이 곡선은 뭔가 이상하다

"이모가 아파서 약을 가져다드리고 오느라 늦었어요."

웃으며 말하는 루카의 눈에 불안감이 똬리를 틀고 있었다.

"…그랬었군."

가우스가 안도와 걱정이 뒤섞인 목소리로 말했다. 빈 강의실이라 작은 목소리도 크게 울렸다.

"혹시 유행병에 걸리신 건가?"

루카는 말없이 고개를 끄덕였다.

"병원에 가셔야 할 것 같아요."

루카의 목소리가 갈라졌다. 병원에 가서 회복되어 돌아오는 사람은 거의 없다. 하지만 병원에 가지 않으면 가족들에게 전염될 수 있다.

"교수님. 이 끔찍한 병은 언제 우리를 떠날까요? 수학으로 그런 예측은 불가능할까요?"

별의 운행을 계산하고 미래를 예측하는 위대한 수학이지만 악마와 같은 전염병에는 무용지물이었다. 적어도 지금은 그렇다.

가우스는 토비아스의 빈자리를 바라보며 입술을 깨물었다. 어떤 질병이 정규분포를 따라 발생한다는 사실을 이해하는 것과 그 질병을 쫓아버린다는 것 사이에는 넘을 수 없는 거리가 있었다.

"이모 마을 병원에는 더 이상 발 디딜 틈이 없어요. 우리 마을보다 환자가 더 많은 거 같더라고요. 처음부터 그랬대요. 아마 이모는…."

눈물을 삼키는 제자를 바라보는 노교수의 머릿속에 뭔가가 떠올랐다.

"루카 군. 좀 더 자세히 말해 주게. 이모 마을 병원에 가 봤었

나?"

"예. 약을 받으러 가는 길에 봤는데… 병원 입구까지 침대가 늘어서 있더라고요. 병원 직원들이 입구에 서서 환자들이 더 밀려 들어오지 못하도록 막고 있었고요."

루카는 지옥의 풍경을 묘사하듯이 몸을 떨면서 말했다.

가우스에게는 생각의 호수에 떨어진 한 방울의 잉크가 사방으로 맹렬히 퍼지고 있었다. 그래, 어쩌면….

"루카 군. 자네가 조금 전에 한 질문 말이야. 어쩌면 이 전염병에 대한 수학적 분석이 가능할 수도 있을 거 같은데… 들어 보겠나?"

가우스의 설명은 간단했다. 이야기를 들은 루카는 주먹을 꼭 쥐며 말했다.

"지원자를 모아야겠네요."

루카와 한스 그리고 마르틴은 가우스의 조언에 따라 며칠 동안 브라운슈바이크 지역을 조사했다. 전염병이 도시 전체를 휩쓸고 있었으므로 여러 마을을 돌아다니는 건 매우 위험한 일이었다. 그럼에도 세 친구는 주민 100명당 환자 수가 몇 명인지를 조사해서 결국 정확한 빈도수를 알아냈다. 마치 동전 100회 던지기를 여러 번 반복하면서 앞면이 총 몇 번 나오는지 조사하는 것처럼 말이다.

조사를 바탕으로 그린 질병의 발생 빈도 그래프는 동전 던지기 그래프와 확연하게 달랐다.

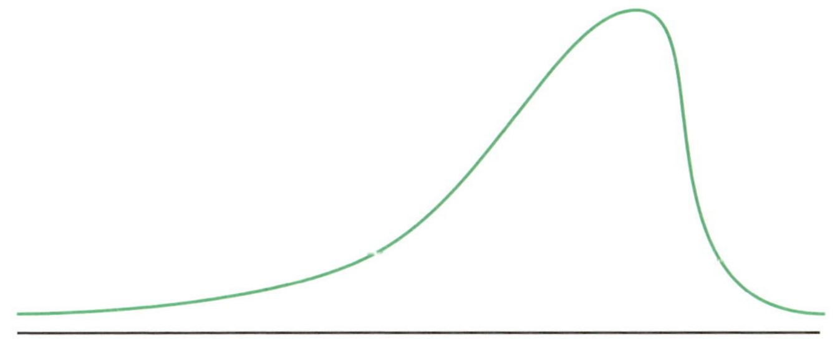

"평균의 위치가 한쪽으로 쏠려 있어."

한스의 말에 루카가 대답했다.

"그래. 이건 정규분포라고 말할 수 없어."

"그렇게 선언하면 끝일까?"

마르틴의 말에 루카가 고개를 저었다.

"자연 상태는 일반적으로 정규분포를 따를 거야. 그대로는 아니더라도 대체로는 따를 거라고 예상할 수 있어. 만약 동전을 여러 번 던졌는데 앞면이 지나치게 많이 나왔다면 어떤 판단을 내려야 할까?”

“동전을 이상하게 만든 거지. 그러니까…”

한스가 말했다.

“동전에 인위적인 뭔가가 작용한 거야. 우리의 조사 결과에 따르면 병의 발생과 전파에 특별한 원인이 작용한다고 결론을 내릴 수 있어.”

그래프와 자료를 번갈아 확인하던 루카가 말했다.

“평균점이 오른편으로 치우친 이유는 이모가 사는 마을과 그 이웃 마을에 더 많은 환자가 발생했기 때문이야.”

“그럼 이모 마을 근처에 사는 누군가가 일부러 병을 퍼뜨리고 있다는 말이야?”

마르틴이 말을 끝냄과 동시에 세 명의 시선이 한쪽으로 쏠렸다. 구석에서 토론을 지켜보던 가우스가 조용히 말했다.

“특별한 원인이란 게 반드시 사람의 조작을 의미하지는 않으니 앞서갈 필요는 없을 것 같군. 하지만 자네들이 발견한 이 결과를 즉시 마을의 보건당국에 알려야 하네.”

관리들을 설득하는 데 수치보다 확실한 것은 없다. 물론 괴팅겐 대학교 천문대의 원장인 가우스의 보증도 크게 한몫했다. 보건소 요원들은 해당 마을 환자들의 동선을 추적했다. 그리고 수많은 환자가 일상에서 이동한 경로가 겹치는 곳에 우물이 있다는 사실을 발견했다. 마을 사람들이 식수로 사용하는 우물이었다.

당국은 우물을 파헤치기로 했다. 그 결과 우물 바닥에 오염된 물이 고여 있는 것을 찾아냈다.

"작년 홍수 때 땅으로 흘러든 오염수가 우물 바닥으로 모인 것 같습니다."

보건소장의 표정은 확연히 밝아져 있었다. 우물을 폐쇄하고 나서 환자가 눈에 띄게 줄어들고 있었기 때문이다.

"우물은 폐쇄했지만, 혹시 몰라서…"

소장은 물이 끓고 있는 주전자를 쳐다보며 말했다.

"당분간 물은 반드시 끓여서 마시라고 마을을 돌아다니며 알리고 있습니다."

이야기를 듣는 가우스의 마음속에서 조용한 기쁨이 올라왔다. 정규분포를 통해 땅속에 숨어 있던 오염수의 존재를 찾아냈다는 건 수학이 가진 강력한 힘을 보여 주는 새로운 증거다.

소장은 가우스에게 거듭 감사를 표했다.

"감사해야 할 대상은,"

가우스는 옆에 앉은 제자들을 따뜻한 눈길로 바라보며 말했다.

"목숨을 걸고 자료를 조사한 이 친구들이지요."

세 친구는 목숨 걸고 만들었던 보고서를 묘비석 옆에 놓았다. 선선한 바람과 밝은 햇살. 토비아스가 환한 웃음으로 친구들을 맞는 게 느껴졌다.

가우스는 때 묻은 노트를 열었다. 수천 개의 자연수가 깨알같이 나열되어 있었고 아래쪽에 간단한 공식 하나가 쓰여 있었다. 그는 자신이 20세 때 처음 발견한 추측*을 천천히 읽어 보았다. 엄청난 끈기와 노력으로도 도달하지 못했던 마지막 한 발자국. 이 또한 결국 이루어지리라. 정규분포 곡선이 완전한 우연(의도 없음)을 전제로 해서야 나타나듯, 진리는 시공간이 충분히 쌓인

● **가우스의 추측** 가우스는 소수의 분포가 불규칙해 보이지만 특정 규칙을 따를 거라고 추측했다. 이후에 독일의 수학자 리만(1826~1866)이 이를 더 깊이 있게 다루는 '리만 가설'을 발표했다.

뒤에야 비로소 그 내밀한 아름다움의 한 *끄트머리*를 살짝 보여
주니까 말이다.

　가우스는 언젠가는 정리가 될 자신의 추측 아래에 문장 하나
를 적었다.

수는 적으나 완숙하였도다.

혼돈에서 패턴을 찾아낸 수학의 눈, 가우스

카를 프리드리히 가우스는 누구?

가우스는 19세기에 독일에서 활약한 수학자이자 과학자입니다. 그는 수학의 거의 모든 영역에 수많은 업적을 남겼으며 천문학과 전자기학 등 과학에도 중요한 업적을 많이 남겼습니다. 예를 들어 자기장의 세기를 나타내는 단위 가우스(G)는 그의 이름을 그대로 딴 것입니다.

그가 천문대장이자 교수로 활약한 괴팅겐 대학교는 이후 유럽 수학의 중심지로 발전하게 됩니다.

정규분포 곡선

정규분포 곡선은 드 무아브르라는 수학자가 먼저 발견했습니다. 하지만 그 정확한 수학적 증명은 가우스에 와서야 이루어졌어요.

정규분포 곡선은 우리 주변의 많은 현상에 적용됩니다. 평균 주변에 사건이 몰려 있고 양 끝으로 갈수록 경우의 수가 희박해지는 많은 자연현상과 사회현상, 그리고 심리 현상 등이 해당되지요. 사건의 규모가 클수록(우연성) 정규분포에 더 가까워지게 됩니다. 이 경우 평균(m)과 표준편차(σ)만 알면 정규분포 곡선을 그릴 수 있으며 그를 통해 특정한 사건이 벌어질 확률을 정확하게 계산할 수 있습니다. 예를 들어 우리나라 수학능력시험의 과목별 표준점수 계산 또한 정규분포 이론을 바탕으로 만들어집니다.

앞서 이야기에서는 전염병 환자 수가 정규분포를 따르지 않는다는 사실을 발견하면서, 거꾸로 전염병 발생에 자연스럽지 않은 원인이 있다는 사실을 알게 됩니다.

교과 연계	학년	학기	단원명
	중3	2학기	산포도
	고2	선택(확률과 통계)	확률분포(정규분포)

탐정 칸토어

정신병원을 탈출하라

'무한'에 집착하다
병을 얻어
입원한 칸토어,
병원에서 일어난
미스터리한 사건에
주목하다!

#무한
#집합과_명제

"자넨 기대를 저버렸어."

"아닙니다. 저는 그저…"

"해야 할 연구가 태산인데. 그 좋은 머리로, 무한? 그런 건 존재하지도 않는 거야."

스승은 새카만 정장 차림에 금박을 입힌 지팡이를 들고 있었다. 칸토어는 스승의 눈빛을 마주하는 게 두려웠다.

"무한이 없으면 해석학(analysis)*은 성립하지 않는다는 거 선생님께서도 아시지 않습니까. 무한은 관념이 아니라 수학의 중요한 연구 대상이 되어야…"

"그만하게."

무서울 만치 단호한 목소리였다.

"무한은 사실이 아니라 관념이네. 인간의 상상이 만들어 낸 관념."

스승은 초등학생을 가르치는 교사처럼 칸토어에게 자상한 표정을 지었다.

"해석학 이론은 인간이 다다를 수 없는 무한을 이용하기에 한계를 받아들여야 해. 그래서 그 위대한 뉴턴과 가우스도 그 부분은 건드리지 않은 거라네."

"미적분학의 한계를 극복해야만 수학의 기초가…"

"자연수라네."

칸토어는 스승의 얼굴을 쳐다보았다. 자연수라니.

"신의 위대한 창조물은 오직 자연수뿐이야. 그 외 정수건 유리수건, 그리고 자네가 그리도 좋아하는 실수건, 모두 인간의 상상이 만들어 낸 인공물이지."

스승의 얼굴이 거대한 산처럼 다가왔다.

"내가 자네를 할레 대학교에 추천한 건 자네에게 장래성이 있다고 믿었기 때문이야. 그런데 이게 뭐지? 그 긴 시간 동안 자네는 도대체 뭘 한 건가?"

칸토어는 바닥에 주저앉아 머리를 감싸안았다.

"저는 결코 시간을 허비하지 않았습니다. 무한집합이라는 개념으로 수학의 엄밀한 기초를 확립하려고 했단 말입니다."

"그래서… 답을 찾았나?"

칸토어는 장난감을 훔치다가 들킨 아이처럼 얼굴을 붉혔다. 스승이 지팡이를 천천히 돌리기 시작했다.

"지난번에 푸앵카레* 선생이 자네 논문을 질병이라고 하길래 난 좀 심하다고 생각했었네. 그런데 오늘 보니까 선생의 표현이 아주 적절했다는 생각이 드는구먼."

말이 끝남과 동시에 스승의 황금 지팡이가 칸토어의 정수리로 날아들었다.

무한에도 등급이 있다

"아아악!"

칸토어는 비명을 지르며 잠에서 깨어났다.

애초에 다른 평범한 문제에 집중했더라면 의미 있는 성과를 냈을지도 모른다. 많은 사람을 만족시키고도 남을 결과물을 말이다. 길을 잘못 들었다는 생각이 들었다. 그토록 바라던 베를린 대학교 취업은 이제 꿈도 꿀 수 없다. 칸토어는 자신의 발견을, 아니 자신을 저주했다. 그는 서서히 미쳐 갔다.

"교수님. 이제 방으로 돌아가셔야죠."

남성 간호사가 욕조에 앉아 있는 칸토어를 거친 몸짓으로 일으켜 세웠다. 물은 이미 차가웠다. 칸토어에게 옷을 입힌 간호사는 그의 수염까지 깨끗하게 닦았다. 칸토어는 하인에게 몸을 맡긴 귀족처럼 가만히 서서 앞을 바라보았다.

"아내는… 내 아내는 어디 있죠?"

"조금 전에 떠났어요."

페터는 익숙한 손놀림으로 수건을 털고는 방을 나갔다. 같은 유대인이라는 이유로 칸토어에게 그나마 친절한 간호사였다.

웃을 때 내는 쇳소리가 거슬린다는 것만 빼면 말이다.

칸토어는 기억을 되살렸다. 면회 시간 동안 아내와 점심을 먹으며 이런저런 대화를 나누었다. 병원에 온 지 반년이 넘어가고 있었으나 상황은 나아지지 않았다. 칸토어는 여기서 벗어나고 싶었다.

"저는 이제 괜찮습니다. 가족과 함께 일상을 보내고 싶습니다."

의사는 고개를 저었다.

"제 아내도 동의하지 않았나요?"

"부인 동의만으로는 안 됩니다. 증세가 개선되어야 하지요."

뜨거운 물속에 앉아 있는 게 치료라면 애초에 여기 오지도 않았을 거라는 말이 칸토어의 입속에 맴돌았다.

"선생은 악몽을 계속 꾸고… 식사도 일정치 않아요. 그리고 이따금 글을 쓰는 것 같던데 혹시 내용을 들을 수 있을까요?"

칸토어는 잠시 망설였다. 의사는 웃는 얼굴로 고개를 끄덕였다. 마침내 칸토어는 자신의 최신 연구 결과를 상세히 설명하기 시작했다.

그는 획기적인 업적을 남기고 싶었다. 러시아 출신이라든가

유대인이라서가 아니다. 수학이라는 학문의 기초를 확고히 하고 싶었기 때문이다. 그가 생각하기에 수학의 핵심 문제는 누가 뭐라고 해도 '무한'이었다.

$$1 + \infty = \infty$$

양변의 ∞는 소거할 수 없다. 만약 소거 가능하다면 1=0이 될 테니까. 그래서 갈릴레이와 가우스 같은 위대한 수학자들조차 무한대(∞)를 계산의 대상에서 제외하려고 했다. ∞는 수가 아니라 계속 커지는 '상태'를 의미하는 기호라면서.

많은 물리량이 곡선의 넓이와 부피로 정의된다. ∞이 없으면 곡선의 넓이와 부피를 구할 수 없다. ∞는 수학과 물리학을 지탱하는 기둥이다.

∞를 계산의 대상으로 규정하고 그 일반적 계산 규칙을 찾아내서 기존의 계산과 통합하는 일은 수학의 헌법을 새롭게 구성하는 일이나 마찬가지다. 누군가는 반드시 해야 할 일. 칸토어는 그게 바로 자신이라고 생각했다.

칸토어는 자신의 집합론, 즉 집합을 이용한 ∞의 계산 이론이 수학계에 신선한 충격을 줄 것으로 생각했다. 신예 칸토어, 하늘에 떠 있던 무한을 인간 세계로 끌어내리다!

그가 집합이라는 단순한 개념으로 이루어 낸 결론은 다음과 같았다.

$$자연수의\ 개수 = 정수의\ 개수 = 유리수의\ 개수$$
$$< 실수의\ 개수$$

말하자면 무한한 수 사이에서도 등급을 나눌 수 있다는, 언뜻 말이 안 되어 보이는 결론에 많은 사람이 경악했다. 일부 수학자들은 무한과 정면 대결한 칸토어의 용기와 그 논리 전개의 독창성을 높이 평가했다. 동시에 무한집합론은 가치가 없다고 한 사람도 있었다. 문제는 비판자 중에 칸토어의 스승을 포함해 명망 높은 수학자들이 꽤 있었다는 사실이다.

스승은 논문 발표회에서 옛 제자의 얼굴을 단 한 번도 쳐다보지 않았다. 다른 무엇보다 이 점이 칸토어의 마음을 괴롭혔다.

다행히 친구가 도움을 주었다. 논문을 〈악터 마테마티카〉라는 독자층이 넓은 잡지에 발표하도록 해 준 것이다. 칸토어는 그것으로 위안 삼을 수 있었다. 다른 누구도 해 본 적이 없는 연구, 상식과의 고독한 싸움. 참고할 자료가 전혀 없는 상태에서 한발씩 앞으로 나가야 한다.

얼마 지나지 않아 칸토어는 2개의 벽을 마주했다.

첫 번째 벽

작은 무한과 큰 무한 사이에 있을지 모를 제3의 무한의 존재 문제

자연수의 개수(작은 무한) < $\aleph$(중간 무한) < 실수의 개수(큰 무한)

$\aleph$ 이 존재할까?[*]

두 번째 벽

집합 개념 자체가 가진 문제

A = 모든 것의 집합이라고 가정하자. A는 모든 것을 포함하므로 자기 자신마저 포함한다. 즉 자기 자신보다 크다. 다른 관점에서 보면 A는 자기 자신에게 포함된다. 즉 자기 자신보다 작다. 두 가지는 동시에 성립할 수 없다(모순).[**]

모든 것의 집합을 가정한 데서 모순이 발생했으므로 '모든 것의 집합은 존재할 수 없다'고 결론을 내리면 끝일까? 문제가 발생할 때마다 웃으며 "그런 집합은 없습니다. 그건 버리고 다시 시작합시다." 하는 꼴이다.

결국 '모든(무한)'이라는 개념이 모순을 안고 있다는 말인가. 집합론을 질병이라고 한 푸앵카레의 말이 칸토어의 가슴을 후벼파고 있었다. 집합 개념으로 무한을 계산하고 수의 본질에 도달할 수 있다고 믿었는데….

'이 문제를 해결하지 못하면 동료들은 나를 인정하지 않을 것이다. 하지만… 내가 이 문제를 해결할 수 있을까? 아니, 이것이 누구든 해결할 수 있는 문제일까? 아니면… 혹시… 이 모든 게 나의 상상이 빚어낸 착각이 아닐까?'

정신병원에 입원하기 전 칸토어는 연구 대상을 완전히 바꾸었다. 수학에서 영문학으로 변경한 것이다. 16세기 셰익스피어의 산문을 집중해서 분석한 결과, 그가 철학자 프랜시스 베이컨

● 연속체 가설이라고 부른다. 칸토어는 중간 무한이 없다고 생각했으나 증명할 수 없었다.

●● 칸토어의 역설이라고 부른다. 이 이야기에서는 대학 수학에서 다루는 개념을 피해서 소개했다.

과 동일 인물임을 밝히기도 했다. 셰익스피어는 가공의 인물이
다!

칸토어는 이 새로운 연구 결과를 발표할 기회를 기다렸다. 사
정을 모르는 영국 수학계 관계자가 칸토어를 강사로 초청했다
가 강의 내용을 듣고는 놀라서 주변에 알리기 시작했다. 다들
그가 제정신이 아니라고 수군거렸다.

폭우가 내리던 밤의 손님

"분명히 여기 있었던 거 같은데….”

밤의 풍경은 낮과 많이 달라 보였다. 칸토어는 한 손으로 벽
을 짚으며 앞으로 나아갔다. 바람 소리와 빗소리가 건물 안까지
들렸다. 흐린 불빛이 복도를 처연하게 비추고 있었다. 2층에 하
나 있는 환자용 화장실이 보이지 않았다. 복도 끝에 가서야 칸
토어는 자신이 반대 방향으로 왔다는 걸 깨달았다. 혹시나 하는
마음에 벽에 달린 손잡이를 돌려 보았다. 손잡이는 무거운 돌덩
이처럼 꿈적도 하지 않았다. 칸토어는 텅 빈 벽 앞에서 병원 건

물 구조를 떠올렸다. 3층 건물의 각 층에 있는 문이 모두 8개던가? 어쩌면 경비가 오늘 밤에 실수로 잠그지 않은 문이 하나쯤은 있을지 모른다. 만약 그걸 찾아낸다면 이대로 병원을 빠져나갈 수 있을 것이다. 그렇다면 밖으로 나가기 쉬운 1층부터 살피는 것이 유리하다.

마음을 먹은 칸토어는 반대편으로 몸을 돌렸다. 바로 그 순간, 그는 머리에 강한 통증을 느끼며 쓰러졌다.

"괜찮으세요?"

익숙한 목소리가 들리더니 페터의 얼굴이 눈에 들어왔다. 몸을 뒤트는 칸토어의 입에서 신음이 흘러나왔다. 머리 위쪽이 욱신거렸다.

"어떻게… 된 건가요?"

페터는 간밤에 병원에 도둑이 들었다고 했다. 칸토어의 야간 탈출 시도는 도둑으로 인해 실패한 것이다.

그 이후로 그는 식사도 하지 않고 죽은 듯 누워서 시간을 보냈다. 질문이 꼬리를 물고 이어졌다. 그 도둑은 병원에 뭘 훔치러 온 걸까. 혹시 대규모 도적단이 병원 물품을 빼돌려서 다른 데 팔아넘기려는 것일까? 범인을 잡지 못하면 병원은 곤욕을 치를 것이다. 곧 소문이 날 것이고 앞으로 사람들은 이 위험한 병원에 환자를 맡기지 않을지 모른다.

칸토어는 무서워졌지만 동시에 호기심이 일었다. 도심과 떨어진 숲속 한가운데 있는 병원에 도둑이 드는 게 이상했기 때문이다.

"의사 선생님은 동의하지 않을지 모르지만 저는 극히 정상입니다. 의사소통과 판단에 문제가 없다는 뜻입니다. 만약에 제가…"

칸토어는 의사의 눈을 뚫어지게 쳐다보았다.

"범인을 찾으면 저를 병원에서 내보내 주세요. 제가 정상이라는 걸 보여 주기에 그것보다 좋은 증거는 없을 테니까요."

잠시 생각하던 의사가 말했다.

"그래, 어떻게 도둑을 잡을 생각입니까, 칸토어 선생님?"

"사실 조사를 바탕으로 논리적 가설을 세웁니다. 그리고 가설을 검증함으로써…"

의사가 말을 막았다.

"가설을 세우려면 생각이 정상… 논리적이어야 합니다. 그런데 선생은 '셰익스피어＝프랜시스 베이컨' 가설을 세우셨잖습니까?"

"제 가설은 아직 완벽하게 증명되지 않았지만 그렇다고 확실히 반박되지도 않았습니다."

"아니요. 확실히 반박되었습니다. 셰익스피어의 후손들이 살아 있는 나라에서 말입니다."

칸토어는 머뭇거렸다.

"그렇다면 그건 별도의 확인 과정을 거쳐야 하겠군요."

"어쨌건 선생이 조사를 이유로 병원을 헤집고 다니는 건 허락할 수 없습니다. 선생과 다른 사람의 안전을 위해서입니다. 다만…"

의사는 동그란 금속제 안경을 밀어 올리며 말했다.

"페터 간호사를 통한 간접 조사에는 동의하겠습니다."

칸토어의 얼굴이 환해졌다.

"약속하신 겁니다. 제가 진실을 밝히고 범인을 찾으면…"

의사가 재미있다는 표정으로 말을 받았다.

"별도의 확인 과정을 거쳐야겠지요."

칸토어가 페터에게 확인한 바에 따르면, 폭우가 쏟아지던 날에 환자 10여 명 분의 식량이 사라졌다. 환자복과 병원 관계자 옷도 구분 없이 가져갔다고 했다. 약품들도 마찬가지다. 마구잡이식 도둑. 페터가 작은 소리로 말했다.

"경찰에서는 병원 내부인이 물품을 빼돌렸다고 생각하는 것 같아요. 직원들을 조사하고 있거든요."

"또 다른 건 없나요?"

페터는 눈을 반짝이는 환자가 신기한 듯 웃으며 말했다.

"경찰은 거짓말이라고 여기는 것 같은데… 1층 끝 방에 클라라라는 분 있잖아요. 치매가 조금 있고 귀가 어두운 할머니요. 그분이 사건 날 새벽에 어두운 복도에서 걸어가는 사람을 봤다고 하더라고요. 그런데… 그 사람의 머리가 천장에 닿았대요. 참고로 천장 높이는 3미터예요. 이건 그냥 하는 이야기니까 심각하게 생각하지는 마세요."

페터가 생각난 듯 말을 이었다.

"머리는 좀 어떠세요?"

"바위에 맞은 느낌입니다."

페터가 자신의 뒷머리를 때리는 시늉을 하며 말했다.

"손바닥으로 맞은 거 같습니다. 상처 없이 멍만 들었거든요."

멍은 머리 위쪽에 드러나 있었다. 머리숱이 적은 터라 멍이 거의 가려지지 않았다. 뭔가를 골똘히 생각하던 칸토어의 머릿속에 하나의 이야기가 흐릿하게 떠올랐다. 하지만 이야기가 형체를 갖추기 전에 칸토어는 고개를 저었다. 말도 안 되는 생각이었기 때문이다.

"병원 바깥에서 산책이라도 하고 싶은데… 간호사님과 함께요."

페터는 고개를 갸우뚱했다.

"어디까지 가시게요?"

"그렇게 멀리는 아닐 거예요."

두 사람은 병원 주변을 세 바퀴째 돌고 있었다. 페터가 낙엽더미를 발로 헤집으며 말했다.

"경비원이 집중 조사를 받는 모양이에요."

이런 외딴섬 같은 곳에 도둑이 든다는 것은 확실히 이상하다. 그래서 경찰도 내부 소행으로 보고 있는 것이리라.

두 사람은 말없이 걸었다. 병원으로 돌아갈 시간이 다가오고 있었다. 칸토어는 자신의 가설을 머릿속으로 점검했다.

폭우. 천장에 닿은 키. 엄청난 양의 도난 물품. 바위 같은 손. 머리 위의 멍. 다시 생각해도 자신의 머릿속에 들어온 결론은 황당했다. 페터에게 차마 말을 꺼내지 못한 이유이다. 역시 나란 인간은 황당한 상상만을 일삼는 바보인가.

바람의 세기만큼 그림자가 길어지고 있었다. 뭐라도 해야 한다. 햇살이 남아 있을 때…. 칸토어는 페터에게 말을 걸면서 걸음 속도를 조금씩 느리게 조절했다. 석양을 바라보며 혼잣말을 하던 페터가 몸을 돌렸을 때, 칸토어는 사라지고 없었다.

그는 환자가 아닐지도 모릅니다

호흡이 가빠 왔다. 페터와 다른 사람들이 칸토어를 찾아서 숲을 뒤지고 있을 것이다. 칸토어는 흙바닥을 살피며 숲 안쪽으로 들어갔다. 찾고 있던 것은 보이지 않았다. 자신을 부르는 소리가 들릴수록 칸토어는 더 깊이 들어갔다.

길을 잘못 들었다는 생각이 들었다. 이대로 계속 가면 어디로 이어질까. 무한집합이라는 개념 설정이 황당하다고 말하던 푸앵카레와 스승의 얼굴이 떠올랐다. 주변이 어두워지고 있었다. 포기하고 몸을 돌리던 순간, 칸토어의 눈에 뭔가가 들어왔다.

숲 안쪽으로 들어갈수록 발자국 흔적이 조금씩 더 보이기 시작했다. 거대한 발자국은 한 사람의 것이었다. 가설이 뚜렷한 형태로 구체화될수록 두려움이 조금씩 걷히고 있었다.

발자국이 시작된 장소는 바람이 없고 햇살이 드는 평화로운 곳이었다. 동굴 안쪽에서 나오는 연기와 함께 음식 냄새가 주변을 가득 채우고 있었다. 칸토어는 동굴 입구에 서서 기다리기로 했다. 아니, 그럴 수밖에 없었다.

주변이 완전히 어두워지자 누군가 동굴 밖으로 천천히 걸어 나왔다. 하얀 간호사복 두세 개를 대충 기워 입은 거대한 남성이었다. 그는 칸토어를 보자 동굴 안으로 도망쳤다.

"다른 마을에서 살다가 최근에 혼자 이 근처로 온 것 같습니다. 가족들에게 버림받은 거죠."

약과 식량과 옷을 모두 얻을 수 있는 숲속 병원은 버림받은 그에게 그야말로 신의 은총이었을 것이다.

"거인증에 대해 알고 계셨나요?"

칸토어는 고개를 저었다. 의사는 어깨를 으쓱하고는 서류를 내려놓았다.

"의사인 저도 말로만 들었지 실제로 본 적은 없습니다."

천장에 닿을 정도의 키, 거대한 손. 비바람이 쏟아진 날을 선택한 이유는 자신의 발자국을 남기기가 두려워서였을 것이다.

칸토어도 처음에는 자신의 가설을 믿지 못했다. 하지만 자신이 머리 옆부분이 아니라 윗부분을 다쳤다는 것에 용기를 얻었다. 머리 위쪽을 손바닥으로 내려쳤다는 사실은 범인이 압도적으로 키가 큰 사람임을 암시하기 때문이다. 거기에다 숲속에 남아 있을지 모를 범인의 발자국은 가설을 검증할 중요한 단서였다.

"의사 선생님."

칸토어가 말했다.

"그는 환자가 아닐지도 모릅니다. 단지 우리와 다를 뿐이죠."

"그 문제에 관한 판단은 의학계와 수학계의 차이로 남겨 두기로 하는 게 좋겠군요. 어쨌건 약속대로 퇴원을 허락해 드리겠습니다."

의사는 잠시 생각하고 덧붙였다.

"영문학 연구는 어떻게 되어 가나요?"

"오류로 판명 난 이론은 폐기해야죠. 다시 수학에 전념할 생각입니다. 제 가설이 확실히 증명되거나 반증될 때까지 말입니다."

무한집합의 존재는 가설, 즉 상상의 영역이 맞다. 하지만 인간은 상상을 통해서만 도약할 수 있다. 엄밀한 논리는 그 상상을 현실로 만들어 주는 과정이며 망상과 구분해 주는 절차일 뿐이다. 틀리면 틀리는 대로 인정한 후, 새롭게 상상하면 된다. 인간의 직관은 그렇게 진화한다. 오류의 가능성을 품고 있다 하더라도 자신의 판단을 믿어야 하는 이유이다.

병원 문을 열자 투명한 하늘이 눈에 들어왔다. 드높은 허공의 끝에 손이 닿을 듯했다. 그때 칸토어의 머릿속에 문장 하나가 떠올랐다.

수학의 본질은 그 자유로움에 있다.

상상을 현실로 만드는 무한의 논리, 칸토어

게오르크 칸토어는 누구?

칸토어는 19세기 말에 활동한 독일의 수학자로 무한집합론의 창시자입니다. 그는 할레 대학교에서 교수로 있으며 무한 개념을 탐구했고, 획기적인 논문을 발표하며 감탄과 비난을 동시에 받았습니다. 그를 비난한 이들 중에는 베를린 대학교에서 칸토어를 지도했던 크로네커도 있었습니다. 그들은 이론적 모순을 일으키는 무한을 수학의 대상으로 삼는 것에 학문적·종교적 이유로 크게 반발했지요.

칸토어는 이런 학계에 실망하고 상처받아 수학을 포기하고 영문학을 연구하였으며 또 정신병원에 입원하는 등 긴 시간 동안 내적 방

황을 겪었습니다.

그가 남긴 '수학의 본질은 자유'라는 말은 어떤 뜻일까요? 우리 모두 자신의 생각(어쩌면 편견일지도 모르는)을 잠시 괄호 속에 넣고 논리가 이끄는 대로 끝까지 가 볼 수 있는 용기와 관용을 가지자는 절규였을지 모릅니다. 그에 따르면 세상에 당연한 것은 없습니다. 익숙한 것이 있을 뿐이지요.

무한을 다루는 집합

앞서 이야기에 등장한 큰 무한($\aleph_1$)과 작은 무한($\aleph_0$)의 존재는 칸토어가 집합 개념을 이용해서 얻은 가장 중요한 발견입니다. 그는 이 개념을 바탕으로 무한의 계산 원칙을 정리했죠. 이는 많은 학자에 의해 계승되었고, 결국 수학 여러 분야의 기초 언어가 되었습니다.

칸토어의 역설은 러셀의 역설로 이어졌고, 1922년 체르멜로와 프랭켈에 의해 마침내 해결됩니다. 그리고 연속체 가설은 괴델과 코헨에 의해 최종적으로 해결되었지요.

현재 우리나라 중·고등학교 수학 교과서에 실려 있는 집합과 명제 개념, 그리고 무한을 다루는 극한과 미적분 개념의 구석구석에는 칸토어의 파란만장한 삶이 녹아 있습니다.

	학년	학기	단원명
	중1	1학기	수와 연산
교과 연계	고1	공통수학2	집합과 명제
	고2	미적분1	함수의 극한과 연속

다른 인스타그램

뉴스레터 구독

탐정이 된 수학자들

초판 1쇄   2025년 9월 5일
초판 2쇄   2025년 10월 17일

지은이   장우석

펴낸이   김한청
기획편집   원경은 차언조 양선화 양희우 장민기
마케팅   정원식 이진범
디자인   이성아 황보유진
운영   설채린

펴낸곳 도서출판 다른
출판등록 2004년 9월 2일 제2013-000194호
주소 서울시 마포구 동교로27길 3-10 희경빌딩 4층
전화 02-3143-6478   **팩스** 02-3143-6479   **이메일** khc15968@hanmail.net
블로그 blog.naver.com/darun_pub   **인스타그램** @darunpublishers

ISBN 979-11-5633-699-0 43410

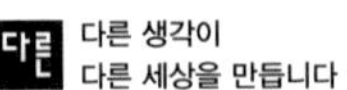